法規隨身讀

第四冊 政府採購法及公安、危老法規

建 築法規
隨身讀

編者簡介

江軍

曾留學於美國、日本、英國並具備建築、設計及營建、土木工程多重背景，曾任職於建築師事務所、營造廠及建設公司，具有近十年建築相關授課經驗，於多所大專院校及機關單位授課、演講數百場，建築相關領域著作逾二十本及證照百餘張。

學歷：

- 國立台灣科技大學設計學院建築研究所博士候選人
- 英國劍橋大學 (University of Cambridge) 環境設計碩士
- 國立台灣大學土木工程研究所 營建工程與管理碩士
- 法國巴黎高等商學院(HEC Paris) 創新創業碩士(在學)
- 國立台灣科技大學建築研究所 物業與設施管理學程
- 國立台灣科技大學建築系學士
- 國立台灣科技大學營建工程系學士

專業資格及證照：

- 美國麻省理工學院 Commercial Real Estate Analysis and Investment 結業
- 南非開普敦大學 (University of Cape Town) 土地開發與投資證書
- 日本早稻田大學 日本語教育研究科 JLP 結業
- 教育部專科學校畢業程度自學進修學力鑑定 - 建築工程科
- 英國皇家特許測量師 (MRICS)、職業安全管理甲級、營造工程管理甲級、建築工程管理甲級、職業安全衛生管理乙級、建築工程管理乙級、建築物室內裝修工程管理乙級、營造工程管理乙級、工程測量乙級、裝潢木工乙級、建築物公共安全檢查認可證、建築物室內裝修專業技術人員登記證、消防設備士、國際專案管理師 PMP、LEED-AP、WELL-AP、日本 Sick-house 病態建築二級診斷士等。

經歷：

- 力信建設開發集團 董事長特助
- 中華工程股份有限公司 工程師
- 博納實業有限公司 負責人

教學經驗：

- 中國文化大學推廣教育部 授課講師
- 國立台灣大學 土木系助教
- 宜蘭縣勞工教育協進會 講師
- 致理科技大學 業界專家講師
- 黎明技術學院 業界專家講師

相關著作與專利：

- 工地主任試題精選解析
- 最詳細!營造工程管理全攻略
- 建築工程管理技能檢定全攻略｜最詳細甲乙級學術科試題解析
- <世界名師經典>圖解綠建築
- 智取 建築工程管理乙級技術士術科破解攻略
- 智取 建築工程管理乙級技術士重點精解暨學科破解攻略
- LEED AP BD+C建築設計與施工應考攻略
- 一種牆體用的吸音建築隔板(中國新型實用專利)
- 一種用於建築工地的隔音牆體(中國新型實用專利)

建築法規隨身讀 使用說明

親愛的讀者，您好：

非常感謝您購買本系列套書。對於建築領域的考生或是從業人員來說，建築法規的系統不僅多且繁雜，內容牽涉到許多數字與時間的記憶，更是常常讓人無所適從。因此，我們特別開發了本系列「隨身讀」法規叢書，讓您不論是工作上的需求或是考試需要記憶，都可以放在口袋中隨時翻閱，不再需要厚重的法規叢書，定可讓您一舉摘金。

本書設計特色，請您務必詳閱，定能使本書發揮最大功效：

1. 依照專業類別分冊設計，您不需要一次攜帶全部的法規書。

2. 重點分別以一~三顆星，表示法規之重要程度。

3. 法條文字以橘色字體搭配紅色遮色片，讓您加強關鍵字記憶。

本書符號與標示說明：

NEW = 新修法條，根據本書出版年份最新修正的法條在前面以此符號表示。

★ = 重要度，本書以星號數作為重要度指標，三顆星為最重要，星號越少代表重要程度越低。

📖 = 參考法規附件，由於本書只收錄最重要之法規表格與附件，其他附表與附件請自行至全國法規資料庫下載。

<u>重點</u> = 重要關鍵字，搭配書後紅色遮色片遮住後關鍵字即會消失。

(刪除) = 法條刪除，已刪除的法條為了避免遺漏，還是會標註於後方。

> 補充重點用框表示，中間可能有編者的額外補充說明。

敬祝 平安順心 試試順利

編者 江軍 謹誌

政府採購法及公安、危老法規 目錄

第一章

政府採購法

民國 108 年 05 月 22 日

第一章 總則

第1條
★☆☆
〇check
為建立政府採購制度，依<u>公平</u>、<u>公開</u>之採購程序，提升<u>採購效率</u>與功能，確保<u>採購品質</u>，爰制定本法。

第2條
★★☆
〇check
本法所稱採購，指<u>工程</u>之定作、<u>財物</u>之買受、定製、承租及<u>勞務</u>之委任或僱傭等。

第3條
☆☆☆
〇check
政府機關、公立學校、公營事業(以下簡稱機關)辦理採購，依本法之規定；本法未規定者，適用其他法律之規定。

第4條
☆☆☆
〇check
法人或團體接受機關補助辦理採購，其補助金額占採購金額<u>半數</u>以上，且補助金額在公告金額以上者，適用本法之規定，並應受該機關之監督。

藝文採購不適用前項規定，但應受補助機關之監督；其辦理原則、適用範圍及監督管理辦法，由文化部定之。

第5條
☆☆☆
◯check

機關採購得委託法人或團體代辦。前項採購適用本法之規定，該法人或團體並受委託機關之監督。

第6條
★★☆
◯check

機關辦理採購，應以維護公共利益及公平合理為原則，對廠商不得為無正當理由之差別待遇。

辦理採購人員於不違反本法規定之範圍內，得基於公共利益、採購效益或專業判斷之考量，為適當之採購決定。

司法、監察或其他機關對於採購機關或人員之調查、起訴、審判、彈劾或糾舉等，得洽請主管機關協助、鑑定或提供專業意見。

第7條
★★★
◯check

本法所稱工程，指在地面上下新建、增建、改建、修建、拆除構造物與其所屬設備及改變自然環境之行為，包括建築、土木、水利、環境、交通、機械、電氣、化工及其他經主管機關認定之工程。

本法所稱財物，指各種物品(生鮮農漁產品除外)、材料、設備、機具與其他動產、不動產、權利及其他經主管機關認定之財物。

本法所稱勞務，指專業服務、技術服務、資訊服務、研究發展、營運管理、維修、訓練、勞力及其他經主管機關認定之勞務。

採購兼有工程、財物、勞務二種以上性質，難以認定其歸屬者，按其性質所占預算金額比率最高者歸屬之。

第8條
★☆☆
◯check

本法所稱廠商，指公司、合夥或獨資之工商行號及其他得提供各機關工程、財物、勞務之自然人、法人、機構或團體。

第9條
★☆☆
◯check

本法所稱主管機關，為行政院採購暨公共工程委員會，以政務委員1人兼任主任委員。

本法所稱上級機關，指辦理採購機關直屬之上一級機關。其無上級機關者，由該機關執行本法所規定上級機關之職權。

第10條
★★☆
○check

主管機關掌理下列有關政府採購事項：

一、 政府採購政策與制度之研訂及政令之宣導。

二、 政府採購法令之研訂、修正及解釋。

三、 標準採購契約之檢討及審定。

四、 政府採購資訊之蒐集、公告及統計。

五、 政府採購專業人員之訓練。

六、 各機關採購之協調、督導及考核。

七、 中央各機關採購申訴之處理。

八、 其他關於政府採購之事項。

第11條
★☆☆
○check

主管機關應設立採購資訊中心，統一蒐集共通性商情及同等品分類之資訊，並建立工程價格資料庫，以供各機關採購預算編列及底價訂定之參考。

除應秘密之部分外，應無償提供廠商。

機關辦理工程採購之預算金額達一定金額以上者，應於決標後將得標廠商之單價資料傳輸至前項工程價格資料庫。

前項一定金額、傳輸資料內容、格式、傳輸方式及其他相關事項之辦法，由主管機關定之。

財物及勞務項目有建立價格資料庫之必要者，得準用前二項規定。

第11-1條
★★☆
○check

機關辦理<u>巨額工程</u>採購，應依採購之特性及實際需要，成立<u>採購工作及審查小組</u>，協助審查採購<u>需求與經費</u>、<u>採購策略</u>、<u>招標文件</u>等事項，及提供與採購有關事務之諮詢。

機關辦理第一項以外之採購，依採購特性及實際需要，認有成立採購工作及審查小組之必要者，準用前項規定。

前二項採購工作及審查小組之組成、任務、審查作業及其他相關事項之辦法，由主管機關定之。

第12條
☆☆☆
○check

機關辦理查核金額以上採購之開標、比價、議價、決標及驗收時，應於規定期限內，檢送相關文件報請<u>上級</u>機關派員監辦；上級機關得視事實需要訂定授權條件，由機關自行辦理。

機關辦理未達查核金額之採購，其決標金額達查核金額者，或契約變更後其金額達查核金額者，機關應補具相關文件送上級機關備查。

查核金額由主管機關定之。

第13條

★☆☆

○check

機關辦理公告金額以上採購之開標、比價、議價、決標及驗收，除有特殊情形者外，應由其主(會)計及有關單位會同監辦。

未達公告金額採購之監辦，依其屬中央或地方，由主管機關、直轄市或縣(市)政府另定之。未另定者，比照前項規定辦理。

公告金額應低於查核金額，由主管機關參酌國際標準定之。

第一項會同監辦採購辦法，由主管機關會同行政院主計處定之。

第14條

☆☆☆

○check

機關不得意圖規避本法之適用，分批辦理公告金額以上之採購。其有分批辦理之必要，並經上級機關核准者，應依其總金額核計採購金額，分別按公告金額或查核金額以上之規定辦理。

第15條
★☆☆
○check

機關承辦、監辦採購人員離職後<u>3年</u>內不得為本人或代理廠商向原任職機關接洽處理離職前<u>5年</u>內與職務有關之事務。

機關人員對於與採購有關之事項，涉及本人、配偶、二親等以內親屬，或共同生活家屬之利益時，應行迴避。

機關首長發現前項人員有應行迴避之情事而未依規定迴避者，應令其迴避，並另行指定人員辦理。

第16條
☆☆☆
○check

請託或關說，宜以<u>書面</u>為之或作成紀錄。

政風機構得調閱前項書面或紀錄。

第一項之請託或關說，不得作為評選之參考。

第17條
☆☆☆
○check

外國廠商參與各機關採購，應依我國締結之條約或協定之規定辦理。

前項以外情形，外國廠商參與各機關採購之處理辦法，由主管機關定之。

外國法令限制或禁止我國廠商或產品服務參與採購者，主管機關

得限制或禁止該國廠商或產品服務參與採購。

機關辦理涉及國家安全之採購，有對我國或外國廠商資格訂定限制條件之必要者，其限制條件及審查相關作業事項之辦法，由主管機關會商相關目的事業主管機關定之。

第二章 招標

第18條
★★★
○check

採購之招標方式，分為<u>公開招標</u>、<u>選擇性招標</u>及<u>限制性招標</u>。

本法所稱公開招標，指以公告方式邀請<u>不特定</u>廠商投標。

本法所稱選擇性招標，指以公告方式預先<u>依一定資格條件</u>辦理廠商<u>資格審查</u>後，再行邀請符合資格之廠商投標。

本法所稱限制性招標，指<u>不經公告</u>程序，邀請**2**家以上廠商<u>比價</u>或僅邀請**1**家廠商<u>議價</u>。

第19條
☆☆☆
○check

機關辦理公告金額以上之採購，除依第二十條及第二十二條辦理者外，應<u>公開招標</u>。

第20條
★★★
○check

機關辦理公告金額以上之採購，符合下列情形之一者，得採選擇性招標：

一、經常性採購。

二、投標文件審查，須費時長久始能完成者。

三、廠商準備投標需高額費用者。

四、廠商資格條件複雜者。

五、研究發展事項。

第21條
★★☆
○check

機關為辦理選擇性招標，得預先辦理資格審查，建立合格廠商名單。但仍應隨時接受廠商資格審查之請求，並定期檢討修正合格廠商名單。

未列入合格廠商名單之廠商請求參加特定招標時，機關於不妨礙招標作業，並能適時完成其資格審查者，於審查合格後，邀其投標。

經常性採購，應建立**6家**以上之合格廠商名單。

機關辦理選擇性招標，應予經資格審查合格之廠商平等受邀之機會。

第22條

★★★

○check

機關辦理公告金額以上之採購，符合下列情形之一者，得採限制性招標：

一、以公開招標、選擇性招標或依第九款至第十一款公告程序辦理結果，無廠商投標或無合格標，且以原定招標內容及條件未經重大改變者。

二、屬專屬權利、獨家製造或供應、藝術品、秘密諮詢，無其他合適之替代標的者。

三、遇有不可預見之緊急事故，致無法以公開或選擇性招標程序適時辦理，且確有必要者。

四、原有採購之後續維修、零配件供應、更換或擴充，因相容或互通性之需要，必須向原供應廠商採購者。

五、屬原型或首次製造、供應之標的，以研究發展、實驗或開發性質辦理者。

六、在原招標目的範圍內，因未能預見之情形，必須追加契約以外之工程，如另行招標，確有產生重大不便及技術或

經濟上困難之虞，非洽原訂約廠商辦理，不能達契約之目的，且未逾原主契約金額 50% 者。

七、原有採購之後續擴充，且已於原招標公告及招標文件敘明擴充之期間、金額或數量者。

八、在集中交易或公開競價市場採購財物。

九、委託專業服務、技術服務、資訊服務或社會福利服務，經公開客觀評選為優勝者。

十、辦理設計競賽，經公開客觀評選為優勝者。

十一、因業務需要，指定地區採購房地產，經依所需條件公開徵求勘選認定適合需要者。

十二、購買身心障礙者、原住民或受刑人個人、身心障礙福利機構或團體、政府立案之原住民團體、監獄工場、慈善機構及庇護工場所提供之非營利產品或勞務。

十三、委託在專業領域具領先地位之自然人或經公告審查優勝之學術或非營利機構進行科技、技術引進、行政或學術研究發展。

十四、邀請或委託具專業素養、特質或經公告審查優勝之文化、藝術專業人士、機構或團體表演或參與文藝活動或提供文化創意服務。

十五、公營事業為商業性轉售或用於製造產品、提供服務以供轉售目的所為之採購，基於轉售對象、製程或供應源之特性或實際需要，不適宜以公開招標或選擇性招標方式辦理者。

十六、其他經主管機關認定者。

前項第九款專業服務、技術服務、資訊服務及第十款之廠商評選辦法與服務費用計算方式與第十一款、第十三款及第十四款之作業辦法，由主管機關定之。

第一項第九款社會福利服務之廠商評選辦法與服務費用計算方式，由主管機關會同中央目的事業主管機關定之。

第一項第十三款及第十四款，不適用工程採購。

第23條
★☆☆
〇check

未達公告金額之招標方式，在中央由主管機關定之；在地方由直轄市或縣(市)政府定之。地方未定者，比照中央規定辦理。

第24條
★★★
〇check

機關基於效率及品質之要求，得以<u>統包</u>辦理招標。

前項所稱統包，指將工程或財物採購中之<u>設計</u>與<u>施工</u>、<u>供應</u>、<u>安裝</u>或一定期間之維修等併於<u>同一採購契約</u>辦理招標。

統包實施辦法，由主管機關定之。

第25條
★★☆
〇check

機關得視個別採購之特性，於招標文件中規定允許一定家數內之廠商<u>共同投標</u>。

第一項所稱共同投標，指**2**家以上之廠商共同具名投標，並於得標後<u>共同具名簽約</u>，連帶負履行採購契約之責，以承攬工程或提供財物、勞務之行為。

共同投標以能增加廠商之競爭或無不當限制競爭者為限。

同業共同投標應符合公平交易法第十五條第一項但書各款之規定。

共同投標廠商應於投標時檢附<u>共同投標協議書</u>。

共同投標辦法，由主管機關定之。

第26條
★☆☆
○check

機關辦理公告金額以上之採購，應依功能或效益訂定招標文件。其有國際標準或國家標準者，應從其規定。

機關所擬定、採用或適用之技術規格，其所標示之擬採購產品或服務之特性，諸如品質、性能、安全、尺寸、符號、術語、包裝、標誌及標示或生產程序、方法及評估之程序，在目的及效果上均不得限制競爭。

招標文件不得要求或提及特定之商標或商名、專利、設計或型式、特定來源地、生產者或供應者。但無法以精確之方式說明招標要求，而已在招標文件內註明諸如「<u>或同等品</u>」字樣者，不在此限。

第26-1條
☆☆☆
○check

機關得視採購之特性及實際需要，以促進自然資源保育與環境保護為目的，依前條規定擬定技術規格，及節省能源、節約資源、減少溫室氣體排放之相關措施。

前項增加計畫經費或技術服務費用者，於擬定規格或措施時應併入計畫報核編列預算。

第27條
☆☆☆
○check

機關辦理公開招標或選擇性招標，應將招標公告或辦理資格審查之公告刊登於<u>政府採購公報</u>並公開於資訊網路。公告之內容修正時，亦同。

前項公告內容、公告日數、公告方法及政府採購公報發行辦法，由主管機關定之。

機關辦理採購時，應估計採購案件之件數及每件之預計金額。預算及預計金額，得於招標公告中一併公開。

第28條
★☆☆
○check

機關辦理招標，其自公告日或邀標日起至截止投標或收件日止之<u>等標期</u>，應訂定<u>合理期限</u>。其期限標準，由主管機關定之。

第29條
☆☆☆
○check

公開招標之招標文件及選擇性招標之預先辦理資格審查文件，應自公告日起至截止投標日或收件日止，公開發給、發售及郵遞方式辦理。發給、發售或郵遞時，不得登記領標廠商之名稱。

選擇性招標之文件應公開載明限制投標廠商資格之理由及其必要性。

第一項文件內容，應包括投標廠商提交投標書所需之一切必要資料。

第30條
★★☆
○check

機關辦理招標，應於招標文件中規定投標廠商須繳納押標金；得標廠商須繳納保證金或提供或併提供其他擔保。但有下列情形之一者，不在此限：

一、勞務採購，以免收押標金、保證金為原則。

二、未達公告金額之工程、財物採購，得免收押標金、保證金。

三、以議價方式辦理之採購，得免收押標金。

四、依市場交易慣例或採購案特性，無收取押標金、保證金之必要或可能。

押標金及保證金應由廠商以現金、金融機構簽發之本票或支票、保付支票、郵政匯票、政府公債、設定質權之金融機構定期存款單、銀行開發或保兌之不可撤銷

擔保信用狀繳納，或取具銀行之書面連帶保證、保險公司之連帶保證保險單為之。

押標金、保證金與其他擔保之種類、額度、繳納、退還、終止方式及其他相關作業事項之辦法，由主管機關另定之。

第31條
★☆☆
○check

機關對於廠商所繳納之押標金，應於決標後無息發還未得標之廠商。廢標時，亦同。

廠商有下列情形之一者，其所繳納之押標金，不予發還；其未依招標文件規定繳納或已發還者，並予追繳：

一、 以虛偽不實之文件投標。

二、 借用他人名義或證件投標，或容許他人借用本人名義或證件參加投標。

三、 冒用他人名義或證件投標。

四、 得標後拒不簽約。

五、 得標後未於規定期限內，繳足保證金或提供擔保。

六、 對採購有關人員行求、期約或交付不正利益。

七、 其他經主管機關認定有影響採購公正之違反法令行為。

前項追繳押標金之情形，屬廠商未依招標文件規定繳納者，追繳金額依招標文件中規定之額度定之；其為標價之一定比率而無標價可供計算者，以預算金額代之。

第二項追繳押標金之請求權，因<u>5年</u>間不行使而消滅。

前項期間，廠商未依招標文件規定繳納者，自<u>開標日</u>起算；機關已發還押標金者，自<u>發還日</u>起算；得追繳之原因發生或可得知悉在後者，自原因發生或<u>可得知悉時</u>起算。

追繳押標金，自不予開標、不予決標、廢標或決標日起逾<u>15年</u>者，不得行使。

第32條 ☆☆☆ ○check	機關應於招標文件中規定，得不發還得標廠商所繳納之保證金及其孳息，或擔保者應履行其擔保責任之事由，並敘明該項事由所涉及之違約責任、保證金之抵充範圍及擔保者之擔保責任。
第33條 ★☆☆ ○check	廠商之投標文件，應以<u>書面密封</u>，於投標截止期限前，以郵遞或專人送達招標機關或其指定之場所。

前項投標文件，廠商得以電子資料傳輸方式遞送。但以招標文件已有訂明者為限，並應於規定期限前遞送正式文件。

機關得於招標文件中規定允許廠商於開標前補正非契約必要之點之文件。

第34條
★☆☆
○check

機關辦理採購，其招標文件於公告前應予保密。但須公開說明或藉以公開徵求廠商提供參考資料者，不在此限。

機關辦理招標，不得於開標前洩漏底價，領標、投標廠商之名稱與家數及其他足以造成限制競爭或不公平競爭之相關資料。

底價於開標後至決標前，仍應保密，決標後除有特殊情形外，應予公開。

但機關依實際需要，得於招標文件中公告底價。

機關對於廠商投標文件，除供公務上使用或法令另有規定外，應保守秘密。

第35條
★☆☆
○check

機關得於招標文件中規定，允許廠商在不降低原有功能條件下，得就技術、工法、材料或設備，提出可縮減工期、減省經費或提高效率之替代方案。其實施辦法，由主管機關定之。

第36條
☆☆☆
○check

機關辦理採購，得依實際需要，規定投標廠商之基本資格。

特殊或巨額之採購，須由具有相當經驗、實績、人力、財力、設備等之廠商始能擔任者，得另規定投標廠商之特定資格。

外國廠商之投標資格及應提出之資格文件，得就實際需要另行規定，附經公證或認證之中文譯本，並於招標文件中訂明。

第一項基本資格、第二項特定資格與特殊或巨額採購之範圍及認定標準，由主管機關定之。

第37條
★☆☆
○check

機關訂定前條投標廠商之資格，不得不當限制競爭，並以確認廠商具備履行契約所必須之能力者為限。

投標廠商未符合前條所定資格者，其投標不予受理。但廠商之

財力資格，得以銀行或保險公司之履約及賠償<u>連帶保證責任</u>、連帶保證保險單代之。

第38條
☆☆☆
○check

政黨及與其具關係企業關係之廠商，不得參與投標。

前項具關係企業關係之廠商，準用公司法有關關係企業之規定。

第39條
★☆☆
○check

機關辦理採購，得依本法將其對<u>規劃</u>、<u>設計</u>、<u>供應</u>或<u>履約業務</u>之<u>專案管理</u>，委託廠商為之。

承辦專案管理之廠商，其負責人或合夥人不得同時為規劃、設計、施工或供應廠商之負責人或合夥人。

承辦專案管理之廠商與規劃、設計、施工或供應廠商，不得同時為關係企業或同一其他廠商之關係企業。

第40條
☆☆☆
○check

機關之採購，得洽由其他具有專業能力之機關代辦。

上級機關對於未具有專業採購能力之機關，得命其洽由其他具有專業能力之機關代辦採購。

第41條
☆☆☆
〇check

廠商對招標文件內容有疑義者，應於招標文件規定之日期前，以<u>書面</u>向招標機關請求釋疑。

機關對前項疑義之處理結果，應於招標文件規定之日期前，以<u>書面答復</u>請求釋疑之廠商，必要時得公告之；其涉及變更或補充招標文件內容者，除選擇性招標之規格標與價格標及限制性招標得以書面通知各廠商外，應另行公告，並視需要延長等標期。機關自行變更或補充招標文件內容者，亦同。

第42條
★☆☆
〇check

機關辦理公開招標或選擇性招標，得就<u>資格</u>、<u>規格</u>與<u>價格</u>採取<u>分段開標</u>。

機關辦理分段開標，除第一階段應公告外，後續階段之邀標，得免予公告。

第43條
★☆☆
〇check

機關辦理採購，除我國締結之條約或協定另有禁止規定者外，得採行下列措施之一，並應載明於招標文件中：

一、 要求投標廠商採購國內貨品比率、技術移轉、投資、協

助外銷或其他類似條件，作為採購評選之項目，其比率不得逾 1/3。

二、外國廠商為最低標，且其標價符合第五十二條規定之決標原則者，得以該標價優先決標予國內廠商。

第44條
☆☆☆
○check

機關辦理特定之採購，除我國締結之條約或協定另有禁止規定者外，得對國內產製加值達 **50%** 之財物或國內供應之工程、勞務，於外國廠商為最低標，且其標價符合第五十二條規定之決標原則時，以高於該標價一定比率以內之價格，優先決標予國內廠商。

前項措施之採行，以合於就業或產業發展政策者為限，且一定比率不得逾 **3%**，優惠期限不得逾 **5 年**；其適用範圍、優惠比率及實施辦法，由主管機關會同相關目的事業主管機關定之。

第三章 決標

第45條
☆☆☆
○check

公開招標及選擇性招標之開標，除法令另有規定外，應依招標文件公告之時間及地點公開為之。

第46條
★★☆
○check

機關辦理採購，除本法另有規定外，應訂定底價。底價應依圖說、規範、契約並考量成本、市場行情及政府機關決標資料逐項編列，由機關首長或其授權人員核定。

前項底價之訂定時機，依下列規定辦理：

一、 公開招標應於開標前定之。

二、 選擇性招標應於資格審查後之下一階段開標前定之。

三、 限制性招標應於議價或比價前定之。

第47條
★☆☆
○check

機關辦理下列採購，得不訂底價。但應於招標文件內敘明理由及決標條件與原則：

一、 訂定底價確有困難之特殊或複雜案件。

二、 以最有利標決標之採購。

三、 小額採購。

前項第一款及第二款之採購,得規定廠商於投標文件內詳列報價內容。

小額採購之金額,在中央由主管機關定之;在地方由直轄市或縣(市)政府定之。但均不得逾公告金額1/10。地方未定者,比照中央規定辦理。

第48條
★★☆
○check

機關依本法規定辦理招標,除有下列情形之一不予開標決標外,有3家以上合格廠商投標,即應依招標文件所定時間開標決標:

一、變更或補充招標文件內容者。
二、發現有足以影響採購公正之違法或不當行為者。
三、依第八十二條規定暫緩開標者。
四、依第八十四條規定暫停採購程序者。
五、依第八十五條規定由招標機關另為適法之處置者。
六、因應突發事故者。
七、採購計畫變更或取銷採購者。
八、經主管機關認定之特殊情形。

第1次開標,因未滿3家而流標者,第2次招標之等標期間得予

縮短，並得不受前項3家廠商之限制。

第49條
☆☆☆
〇check

未達公告金額之採購，其金額逾公告金額1/10者，除第二十二條第一項各款情形外，仍應公開取得3家以上廠商之書面報價或企劃書。

第50條
★☆☆
〇check

投標廠商有下列情形之一，經機關於開標前發現者，其所投之標應不予開標；於開標後發現者，應不決標予該廠商：

一、未依招標文件之規定投標。
二、投標文件內容不符合招標文件之規定。
三、借用或冒用他人名義或證件投標。
四、以不實之文件投標。
五、不同投標廠商間之投標文件內容有重大異常關聯。
六、第一百零三條第一項不得參加投標或作為決標對象之情形。
七、其他影響採購公正之違反法令行為。

決標或簽約後發現得標廠商於決標前有第一項情形者,應撤銷決標、終止契約或解除契約,並得追償損失。但撤銷決標、終止契約或解除契約反不符公共利益,並經上級機關核准者,不在此限。第一項不予開標或不予決標,致採購程序無法繼續進行者,機關得宣布<u>廢標</u>。

第51條
☆☆☆
○check

機關應依招標文件規定之條件,審查廠商投標文件,對其內容有疑義時,得通知投標廠商提出說明。

前項審查結果應通知投標廠商,對不合格之廠商,並應敘明其原因。

第52條
★★☆
○check

機關辦理採購之決標,應依下列原則之一辦理,並應載明於招標文件中:

一、 訂有底價之採購,以合於招標文件規定,<u>且在底價以內之最低標</u>為得標廠商。

二、 未訂底價之採購,以合於招標文件規定,標價合理,且在<u>預算數額以內</u>之最低標為得標廠商。

三、以合於招標文件規定之<u>最有利標</u>為得標廠商。

四、採用<u>複數決標</u>之方式：機關得於招標文件中公告保留之採購項目或數量選擇之組合權利，但應合於最低價格或最有利標之競標精神。

機關辦理公告金額以上之<u>專業</u>服務、<u>技術</u>服務、<u>資訊</u>服務、<u>社會福利</u>服務或<u>文化創意</u>服務者，以不訂底價之最有利標為原則。

決標時得不通知投標廠商到場，其結果應通知各投標廠商。

第53條
★★☆
◯check

合於招標文件規定之投標廠商之最低標價超過底價時，得洽該最低標廠商<u>減價1次</u>；減價結果仍超過底價時，得由所有合於招標文件規定之投標廠商重新比減價格，比減價格不得逾<u>3次</u>。

前項辦理結果，最低標價仍超過底價而不逾預算數額，機關確有緊急情事需決標時，應經原底價核定人或其授權人員核准，且不得超過底價<u>8%</u>。但查核金額以上之採購，超過底價<u>4%</u>者，應先報經上級機關核准後決標。

第54條
☆☆☆
○check

決標依第五十二條第一項第二款規定辦理者，合於招標文件規定之最低標價逾評審委員會建議之金額或預算金額時，得洽該最低標廠商<u>減價1次</u>。

減價結果仍逾越上開金額時，得由所有合於招標文件規定之投標廠商重新比減價格。機關得就重新比減價格之次數予以限制，比減價格不得逾<u>3次</u>，辦理結果，最低標價仍逾越上開金額時，應予廢標。

第55條
☆☆☆
○check

機關辦理以最低標決標之採購，經報上級機關核准，並於招標公告及招標文件內預告者，得於依前二條規定無法決標時，採行<u>協商</u>措施。

第56條
★★☆
○check

決標依第五十二條第一項第三款規定辦理者，應依招標文件所規定之評審標準，就廠商投標標的之<u>技術</u>、<u>品質</u>、<u>功能</u>、<u>商業條款</u>或<u>價格</u>等項目，作序位或計數之綜合評選，評定最有利標。價格或其與綜合評選項目評分之商數，得做為單獨評選之項目或決

標之標準。未列入之項目，不得做為評選之參考。評選結果無法依機關首長或評選委員會過半數之決定，評定最有利標時，得採行協商措施，再作綜合評選，評定最有利標。評定應附理由。綜合評選不得逾3次。

依前項辦理結果，仍無法評定最有利標時，應予廢標。

機關採最有利標決標者，應先報經上級機關核准。

最有利標之評選辦法，由主管機關定之。

第57條
★☆☆
○check

機關依前二條之規定採行協商措施者，應依下列原則辦理：

一、開標、投標、審標程序及內容均應予保密。

二、協商時應平等對待所有合於招標文件規定之投標廠商，必要時並錄影或錄音存證。

三、原招標文件已標示得更改項目之內容，始得納入協商。

四、前款得更改之項目變更時，應以書面通知所有得參與協商之廠商。

五、協商結束後，應予前款廠商依據協商結果，於一定期間內修改投標文件重行遞送之機會。

第58條
☆☆☆
○check

機關辦理採購採最低標決標時，如認為最低標廠商之總標價或部分標價偏低，顯不合理，有降低品質、不能誠信履約之虞或其他特殊情形，得限期通知該廠商提出說明或擔保。廠商未於機關通知期限內提出合理之說明或擔保者，得不決標予該廠商，並以次低標廠商為最低標廠商。

第59條
☆☆☆
○check

廠商不得以支付他人佣金、比例金、仲介費、後謝金或其他不正利益為條件，促成採購契約之成立。

違反前項規定者，機關得終止或解除契約，並將2倍之不正利益自契約價款中扣除。未能扣除者，通知廠商限期給付之。

第60條
☆☆☆
○check

機關辦理採購依第五十一條、第五十三條、第五十四條或第五十七條規定，通知廠商說明、減價、比減價格、協商、更改原

報內容或重新報價，廠商未依通知期限辦理者，視同放棄。

第61條
☆☆☆
○check

機關辦理公告金額以上採購之招標，除有特殊情形者外，應於決標後一定期間內，將決標結果之公告刊登於<u>政府採購公報</u>，並以書面通知各投標廠商。無法決標者，亦同。

第62條
☆☆☆
○check

機關辦理採購之決標資料，應定期彙送主管機關。

第四章 履約管理

第63條
☆☆☆
○check

各類採購契約以採用主管機關訂定之範本為原則，其要項及內容由主管機關參考國際及國內慣例定之。
採購契約應訂明一方執行錯誤、不實或管理不善，致他方遭受損害之責任。

第64條
☆☆☆
○check

採購契約得訂明因<u>政策</u>變更，廠商依契約繼續履行反而不符公共利益者，機關得報經上級機關核准，終止或解除部分或全部契約，並補償廠商因此所生之損失。

第65條
★★★
◯check

得標廠商應自行履行工程、勞務契約，不得轉包。

前項所稱轉包，指將原契約中應自行履行之全部或其主要部分，由其他廠商代為履行。

廠商履行財物契約，其需經一定履約過程，非以現成財物供應者，準用前二項規定。

第66條
★☆☆
◯check

得標廠商違反前條規定轉包其他廠商時，機關得解除契約、終止契約或沒收保證金，並得要求損害賠償。

前項轉包廠商與得標廠商對機關負連帶履行及賠償責任。再轉包者，亦同。

第67條
★★★
◯check

得標廠商得將採購分包予其他廠商。稱分包者，謂非轉包而將契約之部分由其他廠商代為履行。

分包契約報備於採購機關，並經得標廠商就分包部分設定權利質權予分包廠商者，民法第五百十三條之抵押權及第八百十六條因添附而生之請求權，及於得標廠商對於機關之價金或報酬請求權。

前項情形，分包廠商就其分包部分，與得標廠商<u>連帶負瑕疵擔保責任</u>。

第68條
☆☆☆
◯check

得標廠商就採購契約對於機關之價金或報酬請求權，其全部或一部得為權利質權之標的。

第69條

（刪除）

第70條
★★☆
◯check

機關辦理工程採購，應明訂廠商執行<u>品質管理</u>、<u>環境保護</u>、<u>施工安全衛生</u>之責任，並對重點項目訂定<u>檢查程序</u>及<u>檢驗標準</u>。

機關於廠商履約過程，得辦理分段查驗，其結果並得供驗收之用。

中央及直轄市、縣(市)政府應成立<u>工程施工查核小組</u>，定期查核所屬(轄)機關工程品質及進度等事宜。

工程施工查核小組之組織準則，由主管機關擬訂，報請行政院核定後發布之。其作業辦法，由主管機關定之。

財物或勞務採購需經一定履約過程，而非以現成財物或勞務供應者，準用第一項及第二項之規定。

第70-1條
☆☆☆
○check

機關辦理工程規劃、設計,應依工程規模及特性,分析<u>潛在施工危險</u>,編製符合職業安全衛生法規之<u>安全衛生圖說</u>及<u>規範</u>,並量化編列<u>安全衛生費用</u>。

機關辦理工程採購,應將前項設計成果納入招標文件,並於招標文件規定廠商須依職業安全衛生法規,採取必要之預防設備或措施,實施安全衛生管理及訓練,使勞工免於發生職業災害,以確保施工安全。

廠商施工場所依法令或契約應有之安全衛生設施欠缺或不良,致發生職業災害者,除應受職業安全衛生相關法令處罰外,機關應依本法及契約規定處置。

第 五 章 驗收

第71條
★★☆
○check

機關辦理工程、財物採購,應限期辦理驗收,並得辦理部分驗收。驗收時應由機關首長或其授權人員指派適當人員<u>主驗</u>,通知接管單位或使用單位<u>會驗</u>。

機關承辦採購單位之人員不得為所辦採購之主驗人或樣品及材料之檢驗人。

前三項之規定，於勞務採購準用之。

第72條
★★☆
○check

機關辦理驗收時應製作紀錄，由參加人員會同簽認。驗收結果與契約、圖說、貨樣規定不符者，應通知廠商限期改善、拆除、重作、退貨或換貨。

其驗收結果不符部分非屬重要，而其他部分能先行使用，並經機關檢討認為確有先行使用之必要者，得經機關首長或其授權人員核准，就其他部分辦理驗收並支付部分價金。

驗收結果與規定不符，而不妨礙安全及使用需求，亦無減少通常效用或契約預定效用，經機關檢討不必拆換或拆換確有困難者，得於必要時減價收受。其在查核金額以上之採購，應先報經上級機關核准；未達查核金額之採購，應經機關首長或其授權人員核准。

驗收人對工程、財物隱蔽部分，於必要時得拆驗或化驗。

第73條
★☆☆
○check

工程、財物採購經驗收完畢後，應由<u>驗收</u>及<u>監驗</u>人員於<u>結算驗收證明書</u>上分別簽認。

前項規定，於勞務驗收準用之。

第73-1條
★★☆
○check

機關辦理工程採購之付款及審核程序，除契約另有約定外，應依下列規定辦理：

一、定期估驗或分階段付款者，機關應於廠商提出估驗或階段完成之證明文件後，<u>15日</u>內完成審核程序，並於接到廠商提出之請款單據後，15日內付款。

二、驗收付款者，機關應於驗收合格後，填具<u>結算驗收證明文件</u>，並於接到廠商請款單據後，<u>15日</u>內付款。

三、前二款付款期限，應向上級機關申請核撥補助款者，為<u>30日</u>。

前項各款所稱日數，係指實際<u>工作日</u>，不包括例假日、特定假日及退請受款人補正之日數。

機關辦理付款及審核程序，如發現廠商有文件不符、不足或有疑義而需補正或澄清者，應一次通知澄清或補正，不得分次辦理。

財物及勞務採購之付款及審核程序，準用前三項之規定。

第六章 爭議處理

第74條
☆☆☆
○check
廠商與機關間關於招標、審標、決標之爭議，得依本章規定提出異議及申訴。

第75條
★☆☆
○check
廠商對於機關辦理採購，認為違反法令或我國所締結之條約、協定(以下合稱法令)，致損害其權利或利益者，得於下列期限內，以書面向招標機關提出異議：

一、對招標文件規定提出異議者，為自公告或邀標之次日起等標期之1/4，其尾數不足1日者，以1日計。但不得少於10日。

二、對招標文件規定之釋疑、後續說明、變更或補充提出異議者，為接獲機關通知或機關公告之次日起10日。

三、對採購之過程、結果提出異議者，為接獲機關通知或機關公告之次日起<u>10日</u>。其過程或結果未經通知或公告者，為知悉或可得而知悉之次日起10日。但至遲不得逾決標日之次日起<u>15日</u>。

招標機關應自收受異議之次日起<u>15日</u>內為適當之處理，並將處理結果以書面通知提出異議之廠商。其處理結果涉及變更或補充招標文件內容者，除選擇性招標之規格標與價格標及限制性招標應以書面通知各廠商外，應另行公告，並視需要延長等標期。

第76條
☆☆☆
〇check

廠商對於公告金額以上採購異議之處理結果不服，或招標機關逾前條第二項所定期限不為處理者，得於收受異議處理結果或期限屆滿之次日起<u>15日</u>內，依其屬中央機關或地方機關辦理之採購，以書面分別向主管機關、直轄市或縣(市)政府所設之<u>採購申訴審議委員會</u>申訴。地方政府未設採購申訴審議委員會者，得委請中央主管機關處理。

廠商誤向該管採購申訴審議委員會以外之機關申訴者,以該機關收受之日,視為提起申訴之日。

第二項收受申訴書之機關應於收受之次日起3日內將申訴書移送於該管採購申訴審議委員會,並通知申訴廠商。

爭議屬第三十一條規定不予發還或追繳押標金者,不受第一項公告金額以上之限制。

第77條
☆☆☆
○check

申訴應具申訴書,載明下列事項,由申訴廠商簽名或蓋章:

一、 申訴廠商之名稱、地址、電話及負責人之姓名、性別、出生年月日、住所或居所。

二、 原受理異議之機關。

三、 申訴之事實及理由。

四、 證據。

五、 年、月、日。

申訴得委任代理人為之,代理人應檢附委任書並載明其姓名、性別、出生年月日、職業、電話、住所或居所。

民事訴訟法第七十條規定,於前項情形準用之。

第78條
★☆☆
○check

廠商提出申訴，應同時繕具副本送招標機關。機關應自收受申訴書副本之次日起10日內，以書面向該管採購申訴審議委員會陳述意見。

採購申訴審議委員會應於收受申訴書之次日起40日內完成審議，並將判斷以書面通知廠商及機關。必要時得延長40日。

第79條
☆☆☆
○check

申訴逾越法定期間或不合法定程式者，不予受理。但其情形可以補正者，應定期間命其補正；逾期不補正者，不予受理。

第80條
☆☆☆
○check

採購申訴得僅就書面審議之。

採購申訴審議委員會得依職權或申請，通知申訴廠商、機關到指定場所陳述意見。

採購申訴審議委員會於審議時，得囑託具專門知識經驗之機關、學校、團體或人員鑑定，並得通知相關人士說明或請機關、廠商提供相關文件、資料。

採購申訴審議委員會辦理審議，得先行向廠商收取審議費、鑑定費及其他必要之費用；其收費標

準及繳納方式，由主管機關定之。
採購申訴審議規則，由主管機關
擬訂，報請行政院核定後發布之。

第81條
☆☆☆
○check

申訴提出後，廠商得於審議判斷
送達前撤回之。申訴經撤回後，
不得再行提出同一之申訴。

第82條
☆☆☆
○check

採購申訴審議委員會審議判斷，
應以<u>書面</u>附<u>事實及理由</u>，指明招
標機關原採購行為有無違反法令
之處；其有違反者，並得建議招
標機關處置之方式。

採購申訴審議委員會於完成審議
前，必要時得通知招標機關<u>暫停</u>
採購程序。

採購申訴審議委員會為第一項之
建議或前項之通知時，應考量公
共利益、相關廠商利益及其他有
關情況。

第83條
☆☆☆
○check

審議判斷，視同<u>訴願</u>決定。

第84條
☆☆☆
○check

廠商提出異議或申訴者，招標機
關評估其事由，認其異議或申訴
有理由者，應自行撤銷、變更原

處理結果，或暫停採購程序之進行。但為應緊急情況或公共利益之必要，或其事由無影響採購之虞者，不在此限。

依廠商之申訴，而為前項之處理者，招標機關應將其結果即時通知該管採購申訴審議委員會。

第85條

★☆☆

○check

審議判斷指明原採購行為違反法令者，招標機關應自收受審議判斷書之次日起 **20日** 內另為適法之處置；期限屆滿未處置者，廠商得自期限屆滿之次日起 **15日** 內向採購申訴審議委員會申訴。

採購申訴審議委員會於審議判斷中建議招標機關處置方式，而招標機關不依建議辦理者，應於收受判斷之次日起 **15日** 內報請上級機關核定，並由上級機關於收受之次日起 **15日** 內，以書面向採購申訴審議委員會及廠商說明理由。

審議判斷指明原採購行為違反法令，廠商得向招標機關請求償付其準備投標、異議及申訴所支出之必要費用。

第85-1條
★★☆
◯check

機關與廠商因履約爭議未能達成協議者,得以下列方式之一處理:

一、向採購申訴審議委員會申請調解。

二、向仲裁機構提付仲裁。

前項調解屬廠商申請者,機關不得拒絕。工程及技術服務採購之調解,採購申訴審議委員會應提出調解建議或調解方案;其因機關不同意致調解不成立者,廠商提付仲裁,機關不得拒絕。

採購申訴審議委員會辦理調解之程序及其效力,除本法有特別規定者外,準用民事訴訟法有關調解之規定。

履約爭議調解規則,由主管機關擬訂,報請行政院核定後發布之。

第85-2條
☆☆☆
◯check

申請調解,應繳納調解費、鑑定費及其他必要之費用;其收費標準、繳納方式及數額之負擔,由主管機關定之。

第85-3條
☆☆☆
◯check

調解經當事人合意而成立;當事人不能合意者,調解不成立。

調解過程中,調解委員得依職權以採購申訴審議委員會名義提出

書面調解建議；機關不同意該建議者，應先報請上級機關核定，並以書面向採購申訴審議委員會及廠商說明理由。

第85-4條
☆☆☆
○check

履約爭議之調解，當事人不能合意但已甚接近者，採購申訴審議委員會應斟酌一切情形，並徵詢調解委員之意見，求兩造利益之平衡，於不違反兩造當事人之主要意思範圍內，以職權提出調解方案。

當事人或參加調解之利害關係人對於前項方案，得於送達之次日起10日內，向採購申訴審議委員會提出異議。

於前項期間內提出異議者，視為調解不成立；其未於前項期間內提出異議者，視為已依該方案調解成立。

機關依前項規定提出異議者，準用前條第二項之規定。

第86條
★☆☆
○check

主管機關及直轄市、縣(市)政府為處理中央及地方機關採購之廠商申訴及機關與廠商間之履約爭議調解，分別設採購申訴審議委

員會;置委員<u>7人</u>至<u>35人</u>,由主管機關及直轄市、縣(市)政府聘請具有<u>法律</u>或<u>採購</u>相關專門知識之公正人士擔任,其中3人並得由主管機關及直轄市、縣(市)政府高級人員派兼之。但派兼人數不得超過全體委員人數<u>1/5</u>。

採購申訴審議委員會應公正行使職權。採購申訴審議委員會組織準則,由主管機關擬訂,報請行政院核定後發布之。

第七章 罰則

第87條
☆☆☆
〇check

意圖使廠商不為投標、違反其本意投標,或使得標廠商放棄得標、得標後轉包或分包,而施強暴、脅迫、藥劑或催眠術者,處<u>1年</u>以上<u>7年</u>以下有期徒刑,得併科新臺幣<u>300</u>萬元以下罰金。

犯前項之罪,因而致人於死者,處無期徒刑或7年以上有期徒刑;致重傷者,處<u>3年</u>以上<u>10年</u>以下有期徒刑,各得併科新臺幣300萬元以下罰金。

以詐術或其他非法之方法，使廠商無法投標或開標發生不正確結果者，處5年以下有期徒刑，得併科新臺幣100萬元以下罰金。

意圖影響決標價格或獲取不當利益，而以契約、協議或其他方式之合意，使廠商不為投標或不為價格之競爭者，處6月以上5年以下有期徒刑，得併科新臺幣100萬元以下罰金。

意圖影響採購結果或獲取不當利益，而借用他人名義或證件投標者，處3年以下有期徒刑，得併科新臺幣100萬元以下罰金。容許他人借用本人名義或證件參加投標者，亦同。

第一項、第三項及第四項之未遂犯罰之。

第88條 ☆☆☆ ○check	受機關委託提供採購規劃、設計、審查、監造、專案管理或代辦採購廠商之人員，意圖為私人不法之利益，對技術、工法、材料、設備或規格，為違反法令之限制或審查，因而獲得利益者，處1年以上7年以下有期徒刑，得併科新臺幣300萬元以下罰金。其

意圖為私人不法之利益，對廠商
或分包廠商之資格為違反法令之
限制或審查，因而獲得利益者，
亦同。

前項之未遂犯罰之。

第89條
☆☆☆
◯check

受機關委託提供採購規劃、設計
或專案管理或代辦採購廠商之人
員，意圖為私人不法之利益，
洩漏或交付關於採購應秘密之文
書、圖畫、消息、物品或其他資
訊，因而獲得利益者，處5年以
下有期徒刑、拘役或科或併科新
臺幣100萬元以下罰金。

前項之未遂犯罰之。

第90條
☆☆☆
◯check

意圖使機關規劃、設計、承辦、
監辦採購人員或受機關委託提供
採購規劃、設計或專案管理或代
辦採購廠商之人員，就與採購有
關事項，不為決定或為違反其本
意之決定，而施強暴、脅迫者，
處1年以上7年以下有期徒刑，得
併科新臺幣300萬元以下罰金。

犯前項之罪，因而致人於死者，
處無期徒刑或7年以上有期徒刑；
致重傷者，處3年以上10年以下

有期徒刑，各得併科新臺幣300萬元以下罰金。

第一項之未遂犯罰之。

第91條
☆☆☆
○check

意圖使機關規劃、設計、承辦、監辦採購人員或受機關委託提供採購規劃、設計或專案管理或代辦採購廠商之人員，洩漏或交付關於採購應秘密之文書、圖畫、消息、物品或其他資訊，而施強暴、脅迫者，處5年以下有期徒刑，得併科新臺幣100萬元以下罰金。

犯前項之罪，因而致人於死者，處無期徒刑或7年以上有期徒刑；致重傷者，處3年以上10年以下有期徒刑，各得併科新臺幣300萬元以下罰金。

第一項之未遂犯罰之。

第92條
☆☆☆
○check

廠商之代表人、代理人、受雇人或其他從業人員，因執行業務犯本法之罪者，除依該條規定處罰其行為人外，對該廠商亦科以該條之罰金。

第93條
☆☆☆
○check

各機關得就具有共通需求特性之財物或勞務，與廠商簽訂<u>共同供應契約</u>。

共同供應契約之採購，其招標文件與契約應記載之事項、適用機關及其他相關事項之辦法，由主管機關另定之。

第93-1條
☆☆☆
○check

機關辦理採購，得以<u>電子化方式</u>為之，其電子化資料並視同正式文件，得免另備書面文件。

前項以電子化方式採購之招標、領標、投標、開標、決標及費用收支作業辦法，由主管機關定之。

第94條
★☆☆
○check

機關辦理評選，應成立**5人**以上之<u>評選委員會</u>，專家學者人數不得少於1/3，其名單由主管機關會同教育部、考選部及其他相關機關建議之。

前項所稱專家學者，不得為政府機關之現職人員。

評選委員會組織準則及審議規則，由主管機關定之。

第95條
☆☆☆
◯check

機關辦理採購宜由採購專業人員為之。但一定金額之採購，應由採購專業人員為之。

前項採購專業人員之資格、考試、訓練、發證、管理辦法及一定金額，由主管機關會商相關機關定之。

第96條
☆☆☆
◯check

機關得於招標文件中，規定優先採購取得政府認可之環境保護標章使用許可，而其效能相同或相似之產品，並得允許**10%**以下之價差。產品或其原料之製造、使用過程及廢棄物處理，符合再生材質、可回收、低污染或省能源者，亦同。

其他增加社會利益或減少社會成本，而效能相同或相似之產品，準用前項之規定。

前二項產品之種類、範圍及實施辦法，由主管機關會同行政院環境保護署及相關目的事業主管機關定之。

第97條
☆☆☆
◯check

主管機關得參酌相關法令規定採取措施，扶助中小企業承包或分包一定金額比例以上之政府採購。

前項扶助辦法，由主管機關定之。

第98條
☆☆☆
○check

得標廠商其於國內員工總人數逾 <u>100人</u>者，應於履約期間僱用身心障礙者及原住民，人數不得低於總人數 <u>2%</u>，僱用不足者，除應繳納代金，並不得僱用外籍勞工取代僱用不足額部分。

第99條
☆☆☆
○check

機關辦理政府規劃或核准之交通、能源、環保、旅遊等建設，經目的事業主管機關核准開放廠商投資興建、營運者，其甄選投資廠商之程序，除其他法律另有規定者外，適用本法之規定。

第100條
☆☆☆
○check

主管機關、上級機關及主計機關得隨時查核各機關採購進度、存貨或其使用狀況，亦得命其提出報告。
機關多餘不用之堪用財物，得無償讓與其他政府機關或公立學校。

第101條
★☆☆
○check

機關辦理採購，發現廠商有下列情形之一，應將其事實、理由及依第一百零三條第一項所定期間通知廠商，並附記如未提出異議

者，將刊登政府採購公報：

一、 容許他人借用本人名義或證件參加投標者。

二、 借用或冒用他人名義或證件投標者。

三、 擅自減省工料，情節重大者。

四、 以虛偽不實之文件投標、訂約或履約，情節重大者。

五、 受停業處分期間仍參加投標者。

六、 犯第八十七條至第九十二條之罪，經第一審為有罪判決者。

七、 得標後無正當理由而不訂約者。

八、 查驗或驗收不合格，情節重大者。

九、 驗收後不履行保固責任，情節重大者。

十、 因可歸責於廠商之事由，致延誤履約期限，情節重大者。

十一、 違反第六十五條規定轉包者。

十二、 因可歸責於廠商之事由，致解除或終止契約，情節重大者。

十三、破產程序中之廠商。

十四、歧視性別、原住民、身心
障礙或弱勢團體人士，情
節重大者。

十五、對採購有關人員行求、期
約或交付不正利益者。

廠商之履約連帶保證廠商經機關
通知履行連帶保證責任者，適用
前項規定。

機關為第一項通知前，應給予廠
商口頭或書面陳述意見之機會，
機關並應成立採購工作及審查小
組認定廠商是否該當第一項各款
情形之一。

機關審酌第一項所定情節重大，
應考量機關所受損害之輕重、廠
商可歸責之程度、廠商之實際補
救或賠償措施等情形。

第102條
★★☆
○check

廠商對於機關依前條所為之通
知，認為違反本法或不實者，得
於接獲通知之次日起<u>20日</u>內，以
書面向該機關提出異議。

廠商對前項異議之處理結果不
服，或機關逾收受異議之次日起
<u>15日</u>內不為處理者，無論該案件
是否逾公告金額，得於收受異議

處理結果或期限屆滿之次日起**15日**內，以書面向該管採購申訴審議委員會申訴。

機關依前條通知廠商後，廠商未於規定期限內提出異議或申訴，或經提出申訴結果不予受理或審議結果指明不違反本法或並無不實者，機關應即將廠商名稱及相關情形刊登政府採購公報。

第一項及第二項關於異議及申訴之處理，準用第六章之規定。

第103條
☆☆☆
○check

依前條第三項規定刊登於政府採購公報之廠商，於下列期間內，不得參加投標或作為決標對象或分包廠商：

一、有第一百零一條第一項第一款至第五款、第十五款情形或第六款判處有期徒刑者，自刊登之次日起3年。但經判決撤銷原處分或無罪確定者，應註銷之。

二、有第一百零一條第一項第十三款、第十四款情形或第六款判處拘役、罰金或緩刑者，自刊登之次日起1年。但經判決撤銷原處分或無罪

確定者，應註銷之。

三、有第一百零一條第一項第七
款至第十二款情形者，於通
知日起<u>前5年</u>內未被任一機
關刊登者，自刊登之次日起
<u>3個月</u>；已被任一機關刊登1
次者，自刊登之次日起<u>6個
月</u>；已被任一機關刊登累計
<u>2次</u>以上者，自刊登之次日
起<u>1年</u>。但經判決撤銷原處
分者，應註銷之。

機關因特殊需要，而有向前項廠
商採購之必要，經上級機關核准
者，不適用前項規定。

本法中華民國108年4月30日修
正之條文施行前，已依第一百零
一條第一項規定通知，但處分尚
未確定者，適用修正後之規定。

第104條
☆☆☆
○check

軍事機關之採購，應依本法之規
定辦理。但武器、彈藥、作戰物
資或與國家安全或國防目的有關
之採購，而有下列情形者，不在
此限。

一、因應國家面臨<u>戰爭</u>、戰備動
員或發生戰爭者，得不適用
本法之規定。

二、機密或極機密之採購，得不適用第二十七條、第四十五條及第六十一條之規定。

三、確因時效緊急，有危及重大戰備任務之虞者，得不適用第二十六條、第二十八條及第三十六條之規定。

四、以議價方式辦理之採購，得不適用第二十六條第三項本文之規定。

前項採購之適用範圍及其處理辦法，由主管機關會同國防部定之，並送立法院審議。

第105條
★☆☆
○check

機關辦理下列採購，得不適用本法招標、決標之規定。

一、國家遇有戰爭、天然災害、癘疫或財政經濟上有重大變故，需緊急處置之採購事項。

二、人民之生命、身體、健康、財產遭遇緊急危難，需緊急處置之採購事項。

三、公務機關間財物或勞務之取得，經雙方直屬上級機關核准者。

四、依條約或協定向國際組織、外國政府或其授權機構辦理

之採購，其招標、決標另有
特別規定者。
前項之採購，有另定處理辦法予
以規範之必要者，其辦法由主管
機關定之。

第106條
☆☆☆
〇check

駐國外機構辦理或受託辦理之採
購，因應駐在地國情或實地作業
限制，且不違背我國締結之條約
或協定者，得不適用下列各款規
定。但第二款至第四款之事項，
應於招標文件中明定其處理方式。
一、第二十七條刊登政府採購公
　　報。
二、第三十條押標金及保證金。
三、第五十三條第一項及第
　　五十四條第一項優先減價及
　　比減價格規定。
四、第六章異議及申訴。
前項採購屬查核金額以上者，事
後應敘明原由，檢附相關文件送
上級機關備查。

第107條
☆☆☆
〇check

機關辦理採購之文件，除依會計
法或其他法律規定保存者外，應
另備具1份，保存於主管機關指
定之場所。

第108條
☆☆☆
○check
中央及直轄市、縣(市)政府應成立採購稽核小組，稽核監督採購事宜。

前項稽核小組之組織準則及作業規則，由主管機關擬訂，報請行政院核定後發布之。

第109條
☆☆☆
○check
機關辦理採購，審計機關得隨時稽察之。

第110條
☆☆☆
○check
主計官、審計官或檢察官就採購事件，得為機關提起訴訟、參加訴訟或上訴。

第111條
☆☆☆
○check
機關辦理巨額採購，應於使用期間內，逐年向主管機關提報使用情形及其效益分析。主管機關並得派員查核之。

主管機關每年應對已完成之重大採購事件，作出效益評估；除應秘密者外，應刊登於政府採購公報。

第112條
☆☆☆
○check
主管機關應訂定採購人員倫理準則。

第113條 本法施行細則，由主管機關定之。
☆☆☆
○check

第114條 本法自公布後1年施行。
☆☆☆ 本法修正條文(包括中華民國90
○check 年1月10日修正公布之第七條)自
公布日施行。

第二章

政府採購法施行細則

民國 108 年 11 月 08 日

第 一 章 總則

第1條
☆☆☆
○check

本細則依政府採購法 (以下簡稱本法) 第一百十三條規定訂定之。

第2條
★☆☆
○check

機關補助法人或團體辦理採購，其依本法第四條第一項規定適用本法者，受補助之法人或團體於辦理開標、比價、議價、決標及驗收時，應受該機關監督。
前項採購關於本法及本細則規定上級機關行使之事項，由本法第四條第一項所定監督機關為之。

第3條
★☆☆
○check

本法第四條第一項所定補助金額，於二以上機關補助法人或團體辦理同一採購者，以其補助總金額計算之。補助總金額達本法第四條第一項規定者，受補助者應通知各補助機關，並由各補助

2-1

機關共同或指定代表機關辦理監督。

本法第四條第一項所稱接受機關補助辦理採購，包括法人或團體接受機關獎助、捐助或以其他類似方式動支機關經費辦理之採購。

本法第四條第一項之採購，其受理申訴之採購申訴審議委員會，為受理補助機關自行辦理採購之申訴之採購申訴審議委員會；其有第一項之情形者，依指定代表機關或所占補助金額比率最高者認定之。

第4條
★☆☆
○check

機關依本法第五條第一項規定委託法人或團體代辦採購，其委託屬勞務採購。受委託代辦採購之法人或團體，並須具備熟諳政府採購法令之人員。

代辦採購之法人、團體與其受雇人及關係企業，不得為該採購之投標廠商或分包廠商。

第5條
☆☆☆
○check

本法第九條第二項所稱上級機關，於公營事業或公立學校為其所隸屬之政府機關。

本法第九條第二項所稱辦理採購無上級機關者，在中央為國民大會、總統府、國家安全會議與五院及院屬各一級機關；在地方為直轄市、縣(市)政府及議會。

第5-1條
☆☆☆
○check

主管機關得視需要將本法第十條第二款之政府採購法令之解釋、第三款至第八款事項，委託其他機關辦理。

第6條
★★☆
○check

機關辦理採購，其屬巨額採購、查核金額以上之採購、公告金額以上之採購或小額採購，依採購金額於招標前認定之；其採購金額之計算方式如下：

一、 採分批辦理採購者，依全部批數之預算總額認定之。

二、 依本法第五十二條第一項第四款採複數決標者，依全部項目或數量之預算總額認定之。但項目之標的不同者，依個別項目之預算金額認定之。

三、 招標文件含有選購或後續擴充項目者，應將預估選購或擴充項目所需金額計入。

四、採購項目之預算案尚未經立法程序者，應將<u>預估需用金額</u>計入。

五、採單價決標者，依預估採購所需金額認定之。

六、租期不確定者，以<u>每月租金之48倍</u>認定之。

七、依本法第九十九條規定甄選投資廠商者，以預估廠商<u>興建、營運所需金額</u>認定之。依本法第七條第三項規定營運管理之委託，包括廠商興建、營運金額者，亦同。

八、依本法第二十一條第一項規定建立合格廠商名單，其預先辦理廠商資格審查階段，以該名單有效期內預估採購總額認定之；邀請符合資格廠商投標階段，以邀請當次之採購預算金額認定之。

九、招標文件規定廠商報價金額包括機關支出及收入金額者，以<u>支出所需金額</u>認定之。

十、機關以提供財物或權利之使用為對價，而無其他支出者，以該<u>財物或權利</u>之<u>使用價值</u>認定之。

第7條
★☆☆
○check

機關辦理查核金額以上採購之招標，應於等標期或截止收件日<u>5日</u>前檢送採購<u>預算資料</u>、<u>招標文件</u>及<u>相關文件</u>，報請上級機關派員監辦。

前項報請上級機關派員監辦之期限，於流標、廢標或取消招標重行招標時，得予縮短；其依前項規定應檢送之文件，得免重複檢送。

第8條
★☆☆
○check

機關辦理查核金額以上採購之決標，其決標不與開標、比價或議價合併辦理者，應於預定決標日<u>3日</u>前，檢送<u>審標結果</u>，報請上級機關派員監辦。

前項決標與開標、比價或議價合併辦理者，應於決標前當場確認審標結果，並列入紀錄。

第9條
★☆☆
○check

機關辦理查核金額以上採購之驗收，應於預定驗收日<u>5日</u>前，檢送<u>結算表</u>及<u>相關文件</u>，報請上級機關派員監辦。結算表及相關文件併入結算驗收證明書編送時，得免另行填送。

財物之驗收，其有分批交貨、因緊急需要必須立即使用或因逐一開箱或裝配完成後方知其數量，報請上級機關派員監辦確有困難者，得視個案實際情形，事先敘明理由，函請上級機關同意後自行辦理，並於全部驗收完成後<u>1個月</u>內，將結算表及相關文件彙總報請上級機關備查。

第10條
☆☆☆
○check

機關辦理查核金額以上採購之開標、比價、議價、決標或驗收，上級機關得斟酌其金額、地區或其他特殊情形，決定應否派員監辦。其未派員監辦者，應事先通知機關自行依法辦理。

第11條
★★☆
○check

本法第十二條第一項所稱<u>監辦</u>，指監辦人員<u>實地監視</u>或<u>書面審核</u>機關辦理<u>開標</u>、<u>比價</u>、<u>議價</u>、<u>決標</u>及<u>驗收</u>是否符合本法規定之程序。監辦人員採書面審核監辦者，應經機關首長或其授權人員核准。

前項監辦，不包括涉及廠商資格、規格、商業條款、底價訂定、決標條件及驗收方法等實質或技術

事項之審查。監辦人員發現該等
事項有違反法令情形者，仍得提
出意見。

監辦人員對採購不符合本法規定
程序而提出意見，辦理採購之主
持人或主驗人如不接受，應納入
紀錄，報機關首長或其授權人員
決定之。但不接受上級機關監辦
人員意見者，應報上級機關核准。

第12條 (刪除)

第13條
☆☆☆
○check

本法第十四條所定意圖規避本法
適用之分批，不包括依不同標的、
不同施工或供應地區、不同需求
條件或不同行業廠商之專業項目
所分別辦理者。

機關分批辦理公告金額以上之採
購，法定預算書已標示分批辦理
者，得免報經上級機關核准。

第14條 (刪除)

第15條 (刪除)

第16條
★☆☆
○check

本法第十六條所稱請託或關說，
指不循法定程序，對採購案提出
下列要求：

一、 於招標前，對預定辦理之<u>採購事項</u>，提出請求。

二、 於招標後，對招標文件內容或審標、<u>決標結果</u>，要求變更。

三、 於履約及驗收期間，對契約內容或查驗、<u>驗收結果</u>，要求變更。

第17條
☆☆☆
○check

本法第十六條第一項所稱作成紀錄者，得以<u>文字</u>或<u>錄音</u>等方式為之，附於採購文件一併保存。其以書面請託或關說者，亦同。

第18條
☆☆☆
○check

機關依本法對廠商所為之通知，除本法另有規定者外，得以口頭、傳真或其他電子資料傳輸方式辦理。

前項口頭通知，必要時得作成紀錄。

第二章 招標

第19條
☆☆☆
○check

機關辦理限制性招標，邀請<u>2家</u>以上廠商比價，有2家廠商投標者，即得比價；僅有1家廠商投標者，得當場改為<u>議價</u>辦理。

第20條
★☆☆
○check

機關辦理選擇性招標,其預先辦理資格審查所建立之合格廠商名單,有效期逾1年者,應逐年公告辦理資格審查,並檢討修正既有合格廠商名單。

前項名單之有效期未逾3年,且已於辦理資格審查之公告載明不再公告辦理資格審查者,於有效期內得免逐年公告。但機關仍應逐年檢討修正該名單。

機關於合格廠商名單有效期內發現名單內之廠商有不符合原定資格條件之情形者,得限期通知該廠商提出說明。廠商逾期未提出合理說明者,機關應將其自合格廠商名單中刪除。

第21條
★★☆
○check

機關為特定個案辦理選擇性招標,應於辦理廠商資格審查後,邀請所有符合資格之廠商投標。

機關依本法第二十一條第一項建立合格廠商名單者,於辦理採購時,得擇下列方式之一為之,並於辦理廠商資格審查之文件中載明。其有每次邀請廠商家數之限制者,亦應載明。

一、<u>個別邀請</u>所有符合資格之廠商投標。

二、<u>公告邀請</u>所有符合資格之廠商投標。

三、依辦理廠商資格審查文件所標示之邀請順序，<u>依序邀請</u>符合資格之廠商投標。

四、以<u>抽籤</u>方式擇定邀請符合資格之廠商投標。

第22條
★☆☆
○check

本法第二十二條第一項第一款所稱無廠商投標，指公告或邀請符合資格之廠商投標結果，無廠商投標或提出資格文件；所稱<u>無合格標</u>，指審標結果無廠商合於招標文件規定。但有廠商異議或申訴在處理中者，均不在此限。

本法第二十二條第一項第二款所稱專屬權利，指已立法保護之<u>智慧財產權</u>。但不包括商標專用權。

本法第二十二條第一項第五款所稱供應之標的，包括<u>工程</u>、<u>財物</u>或<u>勞務</u>；所稱以<u>研究</u>發展、實驗或<u>開發</u>性質辦理者，指以契約要求廠商進行研究發展、實驗或開發，以獲得<u>原型</u>或<u>首次製造</u>、供應之標的，並得包括<u>測試品質</u>或

功能所為之<u>限量生產</u>或供應。但不包括商業目的或回收研究發展、實驗或開發成本所為之大量生產或供應。

本法第二十二條第一項第六款所稱**50%**，指<u>追加累計金額</u>占<u>原主契約金額</u>之比率。

本法第二十二條第一項第十二款所稱身心障礙者、身心障礙福利機構或團體及庇護工場，其認定依身心障礙者權益保障法之規定；所稱原住民，其認定依原住民身分法之規定。

第23條
★☆☆
○check

機關辦理採購，屬專屬權利或獨家製造或供應，無其他合適之替代標的之部分，其預估金額達採購金額之**50%**以上，分別辦理採購確有重大困難之虞，必須與其他部分合併採購者，得依本法第二十二條第一項第二款規定採限制性招標。

第23-1條
☆☆☆
○check

機關依本法第二十二條第一項規定辦理限制性招標，應由需求、使用或承辦採購單位，就個案敘明符合各款之情形，簽報機關首

長或其授權人員核准。其得以<u>比價</u>方式辦理者，優先以比價方式辦理。

機關辦理本法第二十二條第一項所定限制性招標，得將徵求受邀廠商之公告刊登政府採購公報或公開於主管機關之資訊網路。但本法另有規定者，依其規定辦理。

第24條
☆☆☆
〇check

本法第二十六條第一項所稱國際標準及國家標準，依標準法第三條之規定。

第25條
★★★
〇check

本法第二十六條第三項所稱同等品，指經<u>機關審查</u>認定，其<u>功能</u>、<u>效益</u>、<u>標準</u>或<u>特性</u>不低於招標文件所要求或提及者。

招標文件允許投標廠商提出同等品，並規定應於投標文件內預先提出者，廠商應於投標文件內敘明同等品之廠牌、價格及功能、效益、標準或特性等相關資料，以供審查。

招標文件允許投標廠商提出同等品，未規定應於投標文件內預先提出者，得標廠商得於使用同等品前，依契約規定向機關提出同

等品之廠牌、價格及功能、效益、標準或特性等相關資料，以供審查。

第25-1條
★☆☆
○check
各機關不得以足以構成妨礙競爭之方式，尋求或接受在特定採購中有商業利益之廠商之建議。

第26條
☆☆☆
○check
機關依本法第二十七條第三項得於招標公告中一併公開之預算金額，為該採購得用以支付得標廠商契約價金之預算金額。預算案尚未經立法程序者，為預估需用金額。

機關依本法第二十七條第三項得於招標公告中一併公開之預計金額，為該採購之預估決標金額。

第27條
☆☆☆
○check
本法第二十八條第一項所稱公告日，指刊登於政府採購公報之日；邀標日，指發出通知邀請符合資格之廠商投標之日。

第28條 (刪除)

第28-1條
☆☆☆
○check
機關依本法第二十九條第一項規定發售文件，其收費應以人工、材料、郵遞等工本費為限。其由

機關提供廠商使用招標文件或書表樣品而收取押金或押圖費者，亦同。

第29條
☆☆☆
○check

本法第三十三條第一項所稱書面密封，指將投標文件置於不透明之信封或容器內，並以漿糊、膠水、膠帶、釘書針、繩索或其他類似材料封裝者。

信封上或容器外應標示廠商名稱及地址。其交寄或付郵所在地，機關不得予以限制。

本法第三十三條第一項所稱指定之場所，不得以郵政信箱為唯一場所。

第30條 (刪除)

第31條 (刪除)

第32條
★☆☆
○check

本法第三十三條第三項所稱非契約必要之點，包括下列事項：
一、 原招標文件已標示<u>得更改</u>或補充之項目。
二、 不列入標價評比之<u>選購</u>項目。
三、 <u>參考性質</u>之事項。
四、 其他於契約成立無影響之事項。

第33條
☆☆☆
○check

同一投標廠商就同一採購之投標，以一標為限；其有違反者，依下列方式處理：
一、開標前發現者，所投之標應不予開標。
二、開標後發現者，所投之標應不予接受。

廠商與其分支機構，或其二以上之分支機構，就同一採購分別投標者，視同違反前項規定。

第一項規定，於採最低標，且招標文件訂明投標廠商得以同一報價載明二以上標的供機關選擇者，不適用之。

第34條
☆☆☆
○check

機關依本法第三十四條第一項規定向廠商公開說明或公開徵求廠商提供招標文件之參考資料者，應刊登政府採購公報或公開於主管機關之資訊網路。

第35條
★☆☆
○check

底價於決標後有下列情形之一者，得不予公開。但應通知得標廠商：
一、符合本法第一百零四條第一項第二款之採購。

> 第104條：其他特殊採購須依特殊軍事採購適用範圍及處理辦法。

二、以轉售或供製造成品以供轉售之採購，其底價涉及商業機密者。

三、採用複數決標方式，尚有相關之未決標部分。但於相關部分決標後，應予公開。

四、其他經上級機關認定者。

第36條
☆☆☆
○check

投標廠商應符合之資格之一部分，得以分包廠商就其分包部分所具有者代之。但以招標文件已允許以分包廠商之資格代之者為限。

前項分包廠商及其分包部分，投標廠商於得標後不得變更。但有特殊情形必須變更者，以具有不低於原分包廠商就其分包部分所具有之資格，並經機關同意者為限。

第37條
☆☆☆
○check

依本法第三十六條第三項規定投標文件附經公證或認證之資格文件中文譯本，其中文譯本之內容有誤者，以原文為準。

第38條

★☆☆

○check

機關辦理採購,應於招標文件規定廠商有下列情形之一者,不得參加投標、作為決標對象或分包廠商或協助投標廠商:

一、 提供規劃、設計服務之廠商,於依該規劃、設計結果辦理之採購。

二、 代擬招標文件之廠商,於依該招標文件辦理之採購。

三、 提供審標服務之廠商,於該服務有關之採購。

四、 因履行機關契約而知悉其他廠商無法知悉或應秘密之資訊之廠商,於使用該等資訊有利於該廠商得標之採購。

五、 提供專案管理服務之廠商,於該服務有關之採購。

前項第一款及第二款之情形,於無利益衝突或無不公平競爭之虞,經機關同意者,得不適用於後續辦理之採購。

第39條

☆☆☆

○check

前條第一項規定,於下列情形之一,得不適用之:

一、 提供規劃、設計服務之廠商,為依該規劃、設計結果辦理採購之獨家製造或供應廠

商，且無其他合適之替代標
的者。

二、代機關開發完成新產品並據
以代擬製造該產品招標文件
之廠商，於依該招標文件辦
理之採購。

三、招標文件係由**2家**以上廠商
各就不同之主要部分分別代
擬完成者。

四、其他經主管機關認定者。

第40條　（刪除）

第41條　（刪除）

第42條　機關依本法第四十條規定洽由其
☆☆☆　他具有專業能力之機關代辦採
○check　購，依下列原則處理：

一、關於監辦該採購之上級機
關，為洽辦機關之上級機關。
但洽辦機關之上級機關得洽
請代辦機關之上級機關代行
其上級機關之職權。

二、關於監辦該採購之主(會)計
及有關單位，為洽辦機關之
單位。但代辦機關有類似單
位者，洽辦機關得一併洽請
代辦。

三、除招標文件另有規定外，以代辦機關為招標機關。

四、洽辦機關及代辦機關分屬中央及地方機關者，依洽辦機關之屬性認定該採購係屬中央或地方機關辦理之採購。

五、洽辦機關得行使之職權或應辦理之事項，得由代辦機關代為行使或辦理。

機關依本法第五條規定委託法人或團體代辦採購，準用前項規定。

第43條
★☆☆
○check

機關於招標文件規定廠商得請求釋疑之期限，至少應有等標期之 <u>1/4</u>；其不足1日者以<u>1日</u>計。選擇性招標預先辦理資格審查文件者，自公告日起至截止收件日止之請求釋疑期限，亦同。

機關釋疑之期限，不得逾截止投標日或資格審查截止收件日<u>前1日</u>。

第44條
☆☆☆
○check

機關依本法第四十二條第一項辦理分段開標，得規定資格、規格及價格分段投標分段開標或一次投標分段開標。但僅就資格投標者，以<u>選擇性招標</u>為限。

前項分段開標之順序，得依資格、規格、價格之順序開標，或將資格與規格或規格與價格合併開標。

機關辦理分段投標，未通過前一階段審標之投標廠商，不得參加後續階段之投標；辦理1次投標分段開標，其已投標未開標之部分，原封發還。

分段投標之第一階段投標廠商家數已達本法第四十八條第一項3家以上合格廠商投標之規定者，後續階段之開標，得不受該廠商家數之限制。

採1次投標分段開標者，廠商應將各段開標用之投標文件分別密封。

第45條

★☆☆

○check

機關依本法第四十三條第一款訂定採購評選項目之比率，應符合下列情形之一：

一、以金額計算比率者，招標文件所定評選項目之標價金額占總標價之比率，不得逾1/3。

二、以評分計算比率者，招標文件所定評選項目之分數占各項目滿分合計總分數之比

率，不得逾 1/3。

第46條
☆☆☆
○check

機關依本法第四十三條第二款優先決標予國內廠商者，應依各該廠商標價排序，自最低標價起，依次洽減1次，以最先減至外國廠商標價以下者決標。

前項國內廠商標價有2家以上相同者，應同時洽減1次，優先決標予減至外國廠商標價以下之最低標。

第47條
☆☆☆
○check

同一採購不得同時適用本法第四十三條第二款及第四十四條之規定。

第(三)(章) 決標

第48條
★★☆
○check

本法第四十五條所稱開標，指依招標文件標示之時間及地點開啟廠商投標文件之標封，宣布投標廠商之名稱或代號、家數及其他招標文件規定之事項。有標價者，並宣布之。

前項開標，應允許投標廠商之負責人或其代理人或授權代表出席。但機關得限制出席人數。

採購法細則

限制性招標之開標，準用前二項
規定。

第49條
★★☆
○check

公開招標及選擇性招標之開標，
有下列情形之一者，招標文件得
免標示開標之時間及地點：

一、 依本法第二十一條規定辦理
選擇性招標之資格審查，供
建立合格廠商名單。

二、 依本法第四十二條規定採分
段開標，後續階段開標之時
間及地點無法預先標示。

三、 依本法第五十七條第一款規
定，開標程序及內容應予保
密。

四、 依本法第一百零四條第一項
第二款規定辦理之採購。

五、 其他經主管機關認定者。

前項第二款之情形，後續階段開
標之時間及地點，由機關另行通
知前一階段合格廠商。

第49-1條
☆☆☆
○check

公開招標、選擇性招標及限制性
招標之比價，其招標文件所標示
之開標時間，為等標期屆滿當日
或次一上班日。但採分段開標者，
其第二段以後之開標，不適用之。

第50條
★★☆
○check

辦理開標人員之分工如下：
一、 主持開標人員：主持開標程序、負責開標現場處置及有關決定。
二、 承辦開標人員：辦理開標作業及製作紀錄等事項。

主持開標人員，由機關首長或其授權人員指派適當人員擔任。

主持開標人員得兼任承辦開標人員。

承辦審標、評審或評選事項之人員，必要時得協助開標。

有監辦開標人員者，其工作事項為監視開標程序。

機關辦理比價、議價或決標，準用前五項規定。

第51條
★☆☆
○check

機關辦理開標時應製作紀錄，記載下列事項，由辦理開標人員會同簽認；有監辦開標人員者，亦應會同簽認：
一、 有案號者，其案號。
二、 招標標的之名稱及數量摘要。
三、 投標廠商名稱。
四、 有標價者，各投標廠商之標價。
五、 開標日期。

六、其他必要事項。

流標時應製作紀錄，其記載事項，準用前項規定，並應記載流標原因。

第52條
☆☆☆
○check

機關訂定底價，得基於<u>技術</u>、<u>品質</u>、<u>功能</u>、<u>履約地</u>、<u>商業條款</u>、<u>評分</u>或<u>使用效益</u>等差異，訂定不同之底價。

第53條
☆☆☆
○check

機關訂定底價，應由規劃、設計、需求或使用單位提出預估金額及其分析後，由承辦採購單位簽報機關首長或其授權人員核定。但重複性採購或未達公告金額之採購，得由承辦採購單位逕行簽報核定。

第54條
★☆☆
○check

公開招標採分段開標者，其底價應於<u>第一階段開標</u>前定之。

限制性招標之比價，其底價應於辦理<u>比價之開標</u>前定之。

限制性招標之議價，訂定底價前應先參考廠商之<u>報價</u>或<u>估價單</u>。

依本法第四十九條採公開取得<u>3家</u>以上廠商之書面報價或企劃書者，其底價應於進行比價或議價前定之。

第54-1條
☆☆☆
○check

機關辦理採購，依本法第四十七條第一項第一款及第二款規定不訂底價者，得於招標文件預先載明契約金額或相關費率作為決標條件。

第55條
☆☆☆
○check

本法第四十八條第一項所稱3家以上合格廠商投標，指機關辦理公開招標，有3家以上廠商投標，且符合下列規定者：
一、 依本法第三十三條規定將投標文件送達於招標機關或其指定之場所。
二、 無本法第五十條第一項規定不予開標之情形。
三、 無第三十三條第一項及第二項規定不予開標之情形。
四、 無第三十八條第一項規定不得參加投標之情形。

第56條
☆☆☆
○check

廢標後依原招標文件重行招標者，準用本法第四十八條第二項關於第2次招標之規定。

第57條
☆☆☆
○check

機關辦理公開招標，因投標廠商家數未滿3家而流標者，得發還投標文件。廠商要求發還者，機關不得拒絕。

機關於開標後因故廢標，廠商要求發還投標文件者，機關得保留其中1份，其餘發還，或僅保留影本。採分段開標者，尚未開標之部分應予發還。

第58條
☆☆☆
○check

機關依本法第五十條第二項規定撤銷決標或解除契約時，得依下列方式之一續行辦理：

一、重行辦理招標。

二、原係採最低標為決標原則者，得以原決標價依決標前各投標廠商標價之順序，自標價低者起，依序洽其他合於招標文件規定之未得標廠商減至該決標價後決標。其無廠商減至該決標價者，得依本法第五十二條第一項第一款、第二款及招標文件所定決標原則辦理決標。

三、原係採最有利標為決標原則者，得召開評選委員會會議，依招標文件規定重行辦理評選。

四、原係採本法第二十二條第一項第九款至第十一款規定辦

理者，其評選為優勝廠商或經勘選認定適合需要者有2家以上，得<u>依序遞補</u>辦理議價。

前項規定，於廠商得標後放棄得標、拒不簽約或履約、拒繳保證金或拒提供擔保等情形致撤銷決標、解除契約者，準用之。

第59條
☆☆☆
○check

機關發現廠商投標文件所標示之分包廠商，於截止投標或截止收件期限前屬本法第一百零三條第一項規定期間內不得參加投標或作為決標對象或分包廠商之廠商者，應不決標予該投標廠商。

廠商投標文件所標示之分包廠商，於投標後至決標前方屬本法第一百零三條第一項規定期間內不得參加投標或作為決標對象或分包廠商之廠商者，得依原標價以其他合於招標文件規定之分包廠商代之，並通知機關。

機關於決標前發現廠商有前項情形者，應通知廠商限期改正；逾期未改正者，應不決標予該廠商。

第60條
☆☆☆
○check

機關審查廠商投標文件,發現其內容有不明確、不一致或明顯打字或書寫錯誤之情形者,得通知投標廠商提出說明,以確認其正確之內容。

前項文件內明顯打字或書寫錯誤,與標價無關,機關得允許廠商更正。

第61條
★☆☆
○check

機關依本法第五十一條第二項規定將審查廠商投標文件之結果通知各該廠商者,應於審查結果完成後儘速通知,最遲不得逾決標或廢標日<u>10日</u>。

前項通知,經廠商請求者,得以書面為之。

第62條
★☆☆
○check

機關採最低標決標者,2家以上廠商標價相同,且均得為決標對象時,其比減價格次數已達本法第五十三條或第五十四條規定之3次限制者,逕行<u>抽籤</u>決定之。

前項標價相同,其比減價格次數未達三次限制者,應由該等廠商<u>再行比減價格</u>一次,以低價者決標。比減後之標價仍相同者,抽籤決定之。

第63條
★☆☆
〇check

機關採最低標決標，廠商之標價依招標文件規定之計算方式，有依投標標的之性能、耐用年限、保固期、能源使用效能或維修費用等之差異，就標價予以加價或減價以定標價之高低序位者，以加價或減價後之標價決定最低標。

第64條
☆☆☆
〇check

投標廠商之標價幣別，依招標文件規定在2種以上者，由機關擇其中一種或以新台幣折算總價，以定標序及計算是否超過底價。

前項折算總價，依辦理決標前一辦公日臺灣銀行外匯交易收盤即期賣出匯率折算之。

第64-1條
☆☆☆
〇check

機關依本法第五十二條第一項第一款或第二款規定採最低標決標，其因履約期間數量不確定而於招標文件規定以招標標的之單價決定最低標者，並應載明履約期間預估需求數量。招標標的在2項以上而未採分項決標者，並應以各項單價及其預估需求數量之乘積加總計算，決定最低標。

第64-2條

★☆☆

○check

機關依本法第五十二條第一項第一款或第二款辦理採購,得於招標文件訂定評分項目、各項配分、及格分數等審查基準,並成立審查委員會及工作小組,採評分方式審查,就資格及規格合於招標文件規定,且總平均評分在及格分數以上之廠商開價格標,採最低標決標。

依前項方式辦理者,應依下列規定辦理:

一、分段開標,最後一段為價格標。

二、評分項目不包括價格。

三、審查委員會及工作小組之組成、任務及運作,準用採購評選委員會組織準則、採購評選委員會審議規則及最有利標評選辦法之規定。

第65條

★☆☆

○check

機關依本法第五十二條第一項第四款採用複數決標方式者,應依下列原則辦理:

一、招標文件訂明得由廠商分項報價之項目,或依不同數量報價之項目及數量之上、下限。

二、訂有<u>底價</u>之採購，其底價依
項目或數量分別訂定。

三、<u>押標金</u>、<u>保證金</u>及其他擔保
得依項目或數量分別繳納。

四、得分項報價者，分項決標；
得依不同數量報價者，依標
價及可決標之數量依序決
標，並得有不同之決標價。

五、分項決標者，得<u>分項簽約及
驗收</u>；依不同數量決標者，
得分別簽約及驗收。

第66條 (刪除)

第67條
☆☆☆
○check
機關辦理決標，合於決標原則之
廠商無需減價或已完成減價或綜
合評選程序者，得不通知投標廠
商到場。

第68條
☆☆☆
○check
機關辦理決標時應製作紀錄，記
載下列事項，由辦理決標人員會
同簽認；有監辦決標人員或有得
標廠商代表參加者，亦應會同簽
認：

一、有案號者，其<u>案號</u>。

二、決標標的之<u>名稱</u>及數量摘
要。

三、審標<u>結果</u>。

四、得標廠商名稱。

五、決標金額。

六、決標日期。

七、有減價、比減價格、協商或綜合評選者，其過程。

八、超底價決標者，超底價之金額、比率及必須決標之緊急情事。

九、所依據之決標原則。

十、有尚未解決之異議或申訴事件者，其處理情形。

廢標時應製作紀錄，其記載事項，準用前項規定，並應記載廢標原因。

第69條
☆☆☆
○check

機關辦理減價或比減價格結果在底價以內時，除有本法第五十八條總標價或部分標價偏低之情形者外，應即宣布決標。

第70條
☆☆☆
○check

機關於第1次比減價格前，應宣布最低標廠商減價結果；第2次以後比減價格前，應宣布前一次比減價格之最低標價。

機關限制廠商比減價格或綜合評選之次數為1次或2次者，應於招標文件中規定或於比減價格或採

行協商措施前通知參加比減價格或協商之廠商。

參加比減價格或協商之廠商有下列情形之一者，機關得不通知其參加下一次之比減價格或協商：

一、未能減至機關所宣布之前一次減價或比減價格之最低標價。

二、依本法第六十條規定視同放棄。

第71條
★★☆
○check

機關辦理查核金額以上之採購，擬決標之最低標價超過底價4%未逾8%者，得先保留決標，並應敘明理由連同底價、減價經過及報價比較表或開標紀錄等相關資料，報請上級機關核准。

前項決標，上級機關派員監辦者，得由監辦人員於授權範圍內當場予以核准，或由監辦人員簽報核准之。

第72條
★☆☆
○check

機關依本法第五十三條第一項及第五十四條規定辦理減價及比減價格，參與之廠商應書明減價後之標價。

合於招標文件規定之投標廠商僅有1家或採議價方式辦理採購，廠商標價超過底價或評審委員會建議之金額，經洽減結果，廠商書面表示減至底價或評審委員會建議之金額，或照底價或評審委員會建議之金額再減若干數額者，機關應予接受。比減價格時，僅餘一家廠商書面表示減價者，亦同。

第73條
☆☆☆
○check

合於招標文件規定之投標廠商僅有一家或採議價方式辦理，須限制減價次數者，應先通知廠商。
前項減價結果，適用本法第五十三條第二項超過底價而不逾預算數額需決標，或第五十四條逾評審委員會建議之金額或預算金額應予廢標之規定。

第74條
☆☆☆
○check

決標依本法第五十二條第一項第二款規定辦理者，除小額採購外，應成立評審委員會，其成員由機關首長或其授權人員就對於採購標的之價格具有專門知識之機關職員或公正人士派兼或聘兼之。
前項評審委員會之成立時機，準

用本法第四十六條第二項有關底價之訂定時機。

第一項評審委員會，機關得以本法第九十四條成立之評選委員會代之。

第75條
☆☆☆
○check

決標依本法第五十二條第一項第二款規定辦理且設有評審委員會者，應先審查合於招標文件規定之最低標價後，再由評審委員會提出建議之金額。但標價合理者，評審委員會得不提出建議之金額。

評審委員會提出建議之金額，機關依本法第五十四條規定辦理減價或比減價格結果在建議之金額以內時，除有本法第五十八條總標價或部分標價偏低之情形外，應即宣布決標。

第一項建議之金額，於決標前應予保密，決標後除有第三十五條之情形者外，應予公開。

第76條
☆☆☆
○check

本法第五十七條第一款所稱審標，包括評選及洽個別廠商協商。本法第五十七條第一款應保密之內容，決標後應即解密。但有繼

續保密之必要者，不在此限。

本法第五十七條第一款之適用範圍，不包括依本法第五十五條規定採行協商措施前之採購作業。

第77條
☆☆☆
○check

機關依本法第五十七條規定採行協商措施時，參與協商之廠商依據協商結果重行遞送之投標文件，其有與協商無關或不受影響之項目者，該項目應不予評選，並以重行遞送前之內容為準。

第78條
★★☆
○check

機關採行協商措施，應注意下列事項：

一、列出協商廠商之待協商項目，並指明其優點、缺點、錯誤或疏漏之處。

二、擬具協商程序。

三、參與協商人數之限制。

四、慎選協商場所。

五、執行保密措施。

六、與廠商個別進行協商。

七、不得將協商廠商投標文件內容、優缺點及評分，透露於其他廠商。

八、協商應作成紀錄。

第79條
★★★
○check

本法第五十八條所稱總標價偏低，指下列情形之一：

一、 訂有底價之採購，廠商之總標價低於底價**80%**者。

二、 未訂底價之採購，廠商之總標價經評審或評選委員會認為偏低者。

三、 未訂底價且未設置評審委員會或評選委員會之採購，廠商之總標價低於預算金額或預估需用金額之**70%**者。預算案尚未經立法程序者，以預估需用金額計算之。

第80條
★★★
○check

本法第五十八條所稱部分標價偏低，指下列情形之一：

一、 該部分標價有對應之底價項目可供比較，該部分標價低於相同部分項目底價之**70%**者。

二、 廠商之部分標價經評審或評選委員會認為偏低者。

三、 廠商之部分標價低於其他機關最近辦理相同採購決標價之**70%**者。

四、 廠商之部分標價低於可供參考之一般價格之**70%**者。

第81條
☆☆☆
○check

廠商投標文件內記載金額之文字與號碼不符時，以<u>文字</u>為準。

第82條
☆☆☆
○check

本法第五十九條第一項不適用於因正當商業行為所為之給付。

第83條
☆☆☆
○check

廠商依本法第六十條規定視同放棄說明、減價、比減價格、協商、更改原報內容或重新報價，其不影響該廠商成為合於招標文件規定之廠商者，仍得以該廠商為決標對象。

依本法第六十條規定視同放棄而未決標予該廠商者，仍應發還押標金。

第84條
★★☆
○check

本法第六十一條所稱特殊情形，指符合下列情形之一：

一、為商業性<u>轉售</u>或用於製造產品、提供服務以供轉售目的所為之採購，其決標內容涉及商業機密，經機關首長或其授權人員核准者。

二、有本法第一百零四條第一項第二款情形者。

三、 前二款以外之機密採購。

四、 其他經主管機關認定者。

前項第一款決標內容涉及商業機密者，機關得不將決標內容納入決標結果之公告及對各投標廠商之書面通知。僅部分內容涉及商業機密者，其餘部分仍應公告及通知。

本法第六十一條所稱決標後一定期間，為自決標日起30日。

依本法第六十一條規定未將決標結果之公告刊登於政府採購公報，或僅刊登一部分者，機關仍應將完整之決標資料傳送至主管機關指定之電腦資料庫，或依本法第六十二條規定定期彙送主管機關。

第85條
★☆☆
○check

機關依本法第六十一條規定將決標結果以書面通知各投標廠商者，其通知應包括下列事項：

一、 有案號者，其案號。

二、 決標標的之名稱及數量摘要。

三、 得標廠商名稱。

四、 決標金額。

五、 決標日期。

無法決標者，機關應以書面通知各投標廠商無法決標之理由。

第86條
☆☆☆
○check

本法第六十二條規定之決標資料，機關應利用電腦蒐集程式傳送至主管機關指定之電腦資料庫。

決標結果已依本法第六十一條規定於一定期間內將決標金額傳送至主管機關指定之電腦資料庫者，得免再行傳送。

(第)(四)(章) 履約管理

第87條
☆☆☆
○check

本法第六十五條第二項所稱主要部分，指下列情形之一：
一、招標文件標示為主要部分者。
二、招標文件標示或依其他法規規定應由得標廠商自行履行之部分。

第88條 (刪除)

第89條
☆☆☆
○check

機關得視需要於招標文件中訂明得標廠商應將專業部分或達一定數量或金額之分包情形送機關備查。

第 五 章 驗收

第90條
★★☆
○check

機關依本法第七十一條第一項規定辦理下列工程、財物採購之驗收，得由承辦採購單位備具書面憑證採<u>書面</u>驗收，免辦理現場查驗：

一、 公用事業依<u>一定費率</u>所供應之財物。

二、 即買即用或自供應至使用之<u>期間</u>甚為<u>短暫</u>，現場查驗有困難者。

三、 <u>小額採購</u>。

四、 <u>分批</u>或部分驗收，其驗收金額不逾公告金額 **1/10**。

五、 經政府機關或公正<u>第3人查驗</u>，並有相關品質或數量之證明文書者。

六、 <u>其他</u>經主管機關認定者。

前項第四款情形於各批或全部驗收完成後，應將各批或全部驗收結果彙總填具<u>結算驗收證明書</u>。

第90-1條
★☆☆
○check

勞務驗收，得以書面或召開審查會方式辦理；其書面驗收文件或審查會紀錄，得視為<u>驗收紀錄</u>。

第91條

★★★

○check

機關辦理驗收人員之分工如下：

一、 主驗人員：主持驗收程序，抽查驗核廠商履約結果有無與契約、圖說或貨樣規定不符，並決定不符時之處置。

二、 會驗人員：會同抽查驗核廠商履約結果有無與契約、圖說或貨樣規定不符，並會同決定不符時之處置。但採購事項單純者得免之。

三、 協驗人員：協助辦理驗收有關作業。但採購事項單純者得免之。

會驗人員，為接管或使用機關(單位)人員。

協驗人員，為設計、監造、承辦採購單位人員或機關委託之專業人員或機構人員。

法令或契約載有驗收時應辦理丈量、檢驗或試驗之方法、程序或標準者，應依其規定辦理。

有監驗人員者，其工作事項為監視驗收程序。

第92條

★★★

○check

廠商應於工程預定竣工日前或竣工當日，將竣工日期書面通知監造單位及機關。除契約另有規定

者外,機關應於收到該書面通知之日起**7日**內會同監造單位及廠商,依據契約、圖說或貨樣核對竣工之項目及數量,確定是否竣工;廠商未依機關通知派代表參加者,仍得予確定。

工程竣工後,除契約另有規定者外,監造單位應於竣工後**7日**內,將竣工圖表、工程結算明細表及契約規定之其他資料,送請機關審核。有初驗程序者,機關應於收受全部資料之日起**30日**內辦理初驗,並作成初驗紀錄。

財物或勞務採購有初驗程序者,準用前二項規定。

採購法細則

第93條
★★☆
○check

採購之驗收,有初驗程序者,初驗合格後,除契約另有規定者外,機關應於**20日**內辦理驗收,並作成驗收紀錄。

第94條
★★☆
○check

採購之驗收,無初驗程序者,除契約另有規定者外,機關應於接獲廠商通知備驗或可得驗收之程序完成後**30日**內辦理驗收,並作成驗收紀錄。

第95條
☆☆☆
○check

前三條所定期限,其有特殊情形必須延期者,應經機關首長或其授權人員核准。

第96條
★☆☆
○check

機關依本法第七十二條第一項規定製作驗收之紀錄,應記載下列事項,由辦理驗收人員會同簽認。有監驗人員或有廠商代表參加者,亦應會同簽認:

一、有案號者,其案號。
二、驗收標的之名稱及數量。
三、廠商名稱。
四、履約期限。
五、完成履約日期。
六、驗收日期。
七、驗收結果。
八、驗收結果與契約、圖說、貨樣規定不符者,其情形。
九、其他必要事項。

機關辦理驗收,廠商未依通知派代表參加者,仍得為之。驗收前之檢查、檢驗、查驗或初驗,亦同。

第97條
★☆☆
○check

機關依本法第七十二條第一項通知廠商限期改善、拆除、重作或換貨,廠商於期限內完成者,機

關應再行辦理驗收。

前項限期，契約未規定者，由<u>主驗人</u>定之。

第98條
☆☆☆
○check

機關依本法第七十二條第一項辦理部分驗收，其所支付之部分價金，以支付該部分驗收項目者為限，並得視不符部分之情形酌予保留。

機關依本法第七十二條第二項辦理<u>減價收受</u>，其減價計算方式，依契約規定。契約未規定者，得就不符項目，依契約價金、市價、額外費用、所受損害或懲罰性違約金等，計算減價金額。

第99條
☆☆☆
○check

機關辦理採購，有部分先行使用之必要或已履約之部分有減損滅失之虞者，應先就該部分辦理驗收或分段查驗供驗收之用，並得就該<u>部分支付價金</u>及起算保固期間。

第100條
☆☆☆
○check

驗收人對工程或財物隱蔽部分拆驗或化驗者，其拆除、修復或化驗費用之負擔，依契約規定。契約未規定者，拆驗或化驗結果與契約規定不符，該費用由<u>廠商</u>負

擔；與規定相符者，該費用由<u>機關</u>負擔。

第101條
☆☆☆
○check

公告金額以上之工程或財物採購，除符合第九十條第一項第一款或其他經主管機關認定之情形者外，應填具結算驗收證明書或其他類似文件。未達公告金額之工程或財物採購，得由機關視需要填具之。

前項結算驗收證明書或其他類似文件，機關應於驗收完畢後<u>15日</u>內填具，並經<u>主驗</u>及<u>監驗</u>人員分別簽認。但有特殊情形必須延期，經機關首長或其授權人員核准者，不在此限。

第 六 章 爭議處理

第102條
☆☆☆
○check

廠商依本法第七十五條第一項規定以書面向招標機關提出異議，應以中文書面載明下列事項，由廠商簽名或蓋章，提出於招標機關。其附有外文資料者，應就異議有關之部分備具中文譯本。但招標機關得視需要通知其檢具其他部分之中文譯本：

一、廠商之名稱、地址、電話及負責人之姓名。

二、有代理人者，其姓名、性別、出生年月日、職業、電話及住所或居所。

三、異議之事實及理由。

四、受理異議之機關。

五、年、月、日。

前項廠商在我國無住所、事務所或營業所者，應委任在我國有住所、事務所或營業所之代理人為之。

異議不合前二項規定者，招標機關得不予受理。但其情形可補正者，應定期間命其補正；逾期不補正者，不予受理。

第103條
☆☆☆
○check

機關處理異議，得通知提出異議之廠商到指定場所陳述意見。

第104條
☆☆☆
○check

本法第七十五條第一項第二款及第三款所定期限之計算，其經機關通知及公告者，廠商接獲通知之日與機關公告之日不同時，以日期在後者起算。

第104-1條
☆☆☆
○check

異議及申訴之提起，分別以受理異議之招標機關及受理申訴之採購申訴審議委員會<u>收受書狀之日期</u>為準。

廠商誤向非管轄之機關提出異議或申訴者，以該機關收受之日，視為提起之日。

第105條
☆☆☆
○check

異議逾越法定期間者，應不予受理，並以書面通知提出異議之廠商。

第105-1條
☆☆☆
○check

招標機關處理異議為不受理之決定時，仍得評估其事由，於認其異議有理由時，自行撤銷或變更原處理結果或暫停採購程序之進行。

第106條 (刪除)

第七章 附則

第107條
☆☆☆
○check

本法第九十八條所稱國內員工總人數，依身心障礙者權益保障法第三十八條第三項規定辦理，並以<u>投保單位</u>為計算基準；所稱履約期間，自<u>訂約日起</u>至廠商完成

<u>履約事項之日</u>止。但下列情形，
應另計之：
一、訂有開始履約日或開工日
　　者，自該日起算。兼有該2
　　日者，以日期在後者起算。
二、因機關通知全面暫停履約之
　　期間，不予計入。
三、一定期間內履約而日期未預
　　先確定，依機關通知再行履
　　約者，依實際履約日數計算。
依本法第九十八條計算得標廠商
於履約期間應僱用之身心障礙者
及原住民之人數時，各應達國內
員工總人數1%，並均以整數為計
算標準，未達整數部分不予計入。

第108條
☆☆☆
○check

得標廠商僱用身心障礙者及原住
民之人數不足前條第二項規定
者，應於每月10日前依僱用人數
不足之情形，分別向所在地之直
轄市或縣(市)勞工主管機關設立
之身心障礙者就業基金專戶及原
住民中央主管機關設立之原住民
族就業基金專戶，繳納上月之代
金。
前項代金之金額，依差額人數乘以
每月基本工資計算；不足1月者，

每日以每月基本工資除以30計。

第109條
☆☆☆
○check

機關依本法第九十九條規定甄選投資興建、營運之廠商，其係以廠商承諾給付機關價金為決標原則者，得於招標文件規定以合於招標文件規定之下列廠商為得標廠商：

一、訂有底價者，在底價以上之最高標廠商。

二、未訂底價者，標價合理之最高標廠商。

三、以最有利標決標者，經機關首長或評選委員會過半數之決定所評定之最有利標廠商。

四、採用複數決標者，合於最高標或最有利標之競標精神者。

機關辦理採購，招標文件規定廠商報價金額包括機關支出及收入金額，或以使用機關財物或權利為對價而無其他支出金額，其以廠商承諾給付機關價金為決標原則者，準用前項規定。

第109-1條
☆☆☆
○check

機關依本法第一百零一條第三項規定給予廠商陳述意見之機會，應以書面告知，廠商於送達之次日起**10日**內，以<u>書面</u>或<u>口頭</u>向機關陳述意見。

廠商依本法第一百零一條第三項規定以口頭方式向機關陳述意見時，應至機關指定場所陳述，機關應以文字、錄音或錄影等方式記錄。

機關依本法第一百零一條第一項規定將其事實、理由及依第一百零三條第一項所定期間通知廠商時，應附記廠商如認為機關所為之通知違反本法或不實者，得於接獲通知之次日起**20日**內，以書面向招標機關提出異議；未提出異議者，將刊登<u>政府採購公報</u>。

機關依本法第一百零二條規定將異議處理結果以書面通知提出異議之廠商時，應附記廠商如對該處理結果不服，得於收受異議處理結果之次日起**15日**內，以書面向<u>採購申訴審議委員會</u>提出申訴。

第110條

☆☆☆
◯check

廠商有本法第一百零一條第一項第六款之情形，經判決無罪確定者，自判決確定之日起，得參加投標及作為決標對象或分包廠商。

第111條 (刪除)

第112條 (刪除)

第112-1條

☆☆☆
◯check

本法第一百零三條第一項第三款所定通知日，為機關通知廠商有本法第一百零一條第一項各款情形之一之發文日期。

本法第一百零三條第二項所稱特殊需要，指符合下列情形之一，且基於公共利益考量確有必要者：

一、有本法第二十二條第一項第一款、第二款、第四款或第六款情形之一者。

二、依本法第五十三條或第五十四條規定辦理減價結果，廢標2次以上，且未調高底價或建議減價金額者。

三、依本法第一百零五條第一項第一款或第二款辦理者。

四、其他經主管機關認定者。

第112-2條
☆☆☆
○check

本法第一百零七條所稱採購之文件,指採購案件自機關開始計劃至廠商完成契約責任期間所產生之各類文字或非文字紀錄資料及其附件。

第113條
☆☆☆
○check

本細則自中華民國88年5月27日施行。
本細則修正條文自發布日施行。

第三章

建築物公共安全檢查簽證及申報辦法

民國 107 年 02 月 21 日

第1條
☆☆☆
○check

本辦法依建築法(以下簡稱本法)第七十七條第五項規定訂定之。

第2條
★★★
○check

本辦法用詞,定義如下:

一、 專業機構:指依本法第七十七條第三項規定由中央主管建築機關認可,得受託辦理建築物公共安全檢查業務之技術團體。

二、 專業人員:指依本法第七十七條第三項規定由中央主管建築機關認可,得受託辦理建築物公共安全檢查業務,並依法登記開業之建築師或執業技師。

三、 檢查員:指由專業機構指派其所屬辦理建築物公共安全檢查業務之人員。

四、 標準檢查:指就建築物之現況檢查是否符合其建造、變

更使用、室內裝修時之建築相關法令規定。

五、評估檢查：指就建築物之現況是否損壞予以檢查，並就損壞現象予以調查、記錄，並評估其損壞程度及判定其改善方式。

第3條
★☆☆
◯check

建築物公共安全檢查申報範圍如下：

一、防火避難設施及設備安全標準檢查。

二、耐震能力評估檢查。

第4條
★★☆
◯check

建築物公共安全檢查申報人(以下簡稱申報人)規定如下：

一、防火避難設施及設備安全標準檢查，為建築物所有權人或使用人。

二、耐震能力評估，為建築物所有權人。

前項建築物為公寓大廈者，得由其管理委員會主任委員或管理負責人代為申報。建築物同屬一使用人使用者，該使用人得代為申報耐震能力評估檢查。

第5條
★★☆
◯check

防火避難設施及設備安全標準檢查申報期間及施行日期，如附表一。

附表一、建築物防火避難設施及設備安全標準檢查申報期間及施行日期

類別	組別	規模		檢查及申報期間		施行日期
		樓層、建築物高度	樓地板面積	頻率	期間	
A類 公共集會類	A-1			每1年1次	1月1日至3月31日止（第1季）	86年11月1日起
	A-2		1000平方公尺以上	每1年1次	1月1日至3月31日止（第1季）	86年11月1日起
			未達1000平方公尺	每2年1次	1月1日至3月31日止（第1季）	86年11月1日起
B類 商業類	B-1			每1年1次	4月1日至6月30日止（第2季）	86年1月1日起
	B-2		500平方公尺以上	每1年1次	4月1日至6月30日止（第2季）	86年1月1日起
	B-3		300平方公尺以上	每1年1次	4月1日至6月30日止（第2季）	86年1月1日起
	B-4			每1年1次	4月1日至6月30日止（第2季）	86年1月1日起

類別		組別	規模		檢查及申報期間		施行日期
			樓層、建築物高度	樓地板面積	頻率	期間	
C類	工業、倉儲類	C-1		1000平方公尺以上	每1年1次	7月1日至9月30日止(第3季)	88年7月1日起
				未達1000平方公尺	每2年1次	7月1日至9月30日止(第3季)	88年7月1日起
		C-2		1000平方公尺以上	每2年1次	7月1日至9月30日止(第3季)	88年7月1日起
				200平方公尺以上未達1000平方公尺	每4年1次	7月1日至9月30日止(第3季)	88年7月1日起
D類	休閒、文教類	D-1		300平方公尺以上	每1年1次	7月1日至9月30日止(第3季)	86年7月1日起
				未達300平方公尺	每2年1次	7月1日至9月30日止(第3季)	88年7月1日起
		D-2		500平方公尺以上	每2年1次	7月1日至12月31日止(第3季、第4季)	88年7月1日起
				未達500平方公尺	每4年1次	7月1日至12月31日止(第3季、第4季)	88年7月1日起
		D-3	3層以上		每2年1次	7月1日至12月31日止(第3季、第4季)	88年7月1日起
			未達3層		每4年1次	7月1日至12月31日止(第3季、第4季)	88年7月1日起

類別		組別	規模		檢查及申報期間		施行日期
			樓層、建築物高度	樓地板面積	頻率	期間	
		D-4	5層以上		每2年1次	7月1日至12月31日止（第3季、第4季）	88年7月1日起
			未達5層		每4年1次	7月1日至12月31日止（第3季、第4季）	88年7月1日起
		D-5			每1年1次	7月1日至12月31日止（第3季、第4季）	88年7月1日起
E類	宗教、殯葬類	E			每2年1次	7月1日至9月30日止（第3季）	86年7月1日起
F類	衛生、福利、更生類	F-1		1500平方公尺以上	每1年1次	10月1日至12月31日止（第4季）	88年11月1日起
				未達1500平方公尺	每2年1次	10月1日至12月31日止（第4季）	88年11月1日起
		F-2		500平方公尺以上	每1年1次	10月1日至12月31日止（第4季）	86年7月1日起
				未達500平方公尺	每2年1次	10月1日至12月31日止（第4季）	86年11月1日起
		F-3		500平方公尺以上	每1年1次	10月1日至12月31日止（第4季）	86年7月1日起
				未達500平方公尺	每2年1次	10月1日至12月31日止（第4季）	86年7月1日起

公安檢查辦法

類別		組別	規模		檢查及申報期間		施行日期
			樓層、建築物高度	樓地板面積	頻率	期間	
		F-4		500平方公尺以上	每2年1次	10月1日至12月31日止（第4季）	88年11月1日起
				未達500平方公尺	每4年1次	10月1日至12月31日止（第4季）	88年11月1日起
G類	辦公、服務類	G-1		500平方公尺以上	每2年1次	10月1日至12月31日止（第4季）	88年7月1日起
				未達500平方公尺	每4年1次	10月1日至12月31日止（第4季）	88年7月1日起
		G-2		2000平方公尺以上	每2年1次	10月1日至12月31日止（第4季）	88年7月1日起
				500平方公尺以上未達2000平方公尺	每4年1次	10月1日至12月31日止（第4季）	88年7月1日起
		G-3		2000平方公尺以上	每2年1次	10月1日至12月31日止（第4季）	88年7月1日起
				500平方公尺以上未達2000平方公尺	每4年1次	10月1日至12月31日止（第4季）	88年7月1日起
H類	住宿類	H-1		300平方公尺以上	每2年1次	1月1日至3月31日止（第1季）	88年7月1日起
				未達300平方公尺	每4年1次	1月1日至3月31日止（第1季）	88年7月1日起

類別	組別	規模		檢查及申報期間		施行日期
		樓層、建築物高度	樓地板面積	頻率	期間	
	H-2	16層以上或建築物高度在50公尺以上		每2年1次	1月1日至3月31日止（第1季）	88年7月1日起
		8層以上未達16層且建築物高度未達50公尺		每3年1次	1月1日至3月31日止（第1季）	依本附表備註三規定辦理
		6層以上未達8層		每4年1次	1月1日至3月31日止（第1季）	依本附表備註三規定辦理

備註：

一、　本表所列應辦理檢查申報之建築物類組及規模，含括供公眾使用及內政部認有必要之非供公眾使用建築物。

二、　本表各類組之檢查申報期間，係依據其使用強度、危險指標及規模大小，分別規定每1年、2年、3年或4年申報1次。

三、　六層以上未達8層，及8層以上未達16層且建築物高度未達50公尺之H-2類組別建築物，其施行日期由當地主管建築機關依實際需求公告之。

四、　本表所列E類別應辦理檢查申報之建築物，以供公眾使用建築物為限。

五、　本表所列應辦理檢查申報之建築物，其防火避難設施類及設備安全類之檢查項目領有依據內政部建築研究所授權核發之防火標章證明文件，並併同申報書及標準檢查報告書向當地主管建築機關完成申報手續者，下次檢查申報之頻率得折減一半辦理。

六、　本表各類組之施行日期，係依據行政院82年5月31日行政院臺八十二內字第一七二二九號函訂定「維護公共安全方案-營建管理部分」之省市執行公共安全檢查優先順序並依實際需求，分別規定於86年、88年起施行。

七、 建築物防火避難設施及設備安全標準檢查申報客體、申報主體及申報規模依下列規定為之：
  (一) 整幢建築物同屬一所有權人，供二種類組以上使用者，其申報客體以整幢為之；申報規模應以該幢各類組樓地板面積分別合計之，其中有二種類組以上達應申報規模時，應以達申報規模之類組中之最高申報頻率為之。至於申報主體，該幢建築物應由建築物所有權人申報，或由使用人共同或個別就其應申報範圍完成檢查後合併申報。
  (二) 整幢建築物為同一使用類組，有分屬不同所有權人者，其申報客體以整幢為之；申報規模以整幢建築物之總樓地板面積計之，若達申報規模，應依其申報頻率辦理申報。至於申報主體，該幢建築物各所有權人或使用人得就其應申報範圍採共同或個別方式完成檢查後合併申報。
  (三) 整幢建築物有供二種類組以上之用途使用且各類組分屬不同所有權者，以各類組為申報客體；其申報規模應以該幢各類組樓地板面積分別合計之，若有類組達應申報規模者，同類組之所有權人或使用人應依該類組之申報頻率辦理申報；同年度應申報之類組，其所有權人或使用人得就申報範圍，共同以最高申報規模類組之申報期間完成檢查後申報。
八、 整幢建築物申報者，以其主用途之檢查申報期間及施行日期為之；建築物主用途由當地主管建築機關認定之。

第6條
★★★
○check

標準檢查專業機構或專業人員應依防火避難設施及設備安全標準檢查簽證項目表(如附表二)辦理檢查，並將標準檢查簽證結果製成標準檢查報告書。

前項標準檢查簽證結果為提具改善計畫書者，應檢附改善計畫書。

附表二、建築物防火避難設施及設備安全標準檢查簽證
　　　　項目表

項次	檢查項目	備註
(一) 防火避難設施類	1. 防火區劃 2. 非防火區劃分間牆 3. 內部裝修材料 4. 避難層出入口 5. 避難層以外樓層出入口 6. 走廊(室內通路) 7. 直通樓梯 8. 安全梯 9. 屋頂避難平臺 10. 緊急進口	一、辦理建築物防火避難設施及設備安全標準檢查之各檢查項目,應按實際現況用途檢查簽證及申報。 二、供H-2組別集合住宅使用之建築物,依本表規定之檢查項目為直通樓梯、安全梯、避難層出入口、昇降設備、避雷設備及緊急供電系統。
(二) 設備安全類	1. 昇降設備 2. 避雷設備 3. 緊急供電系統 4. 特殊供電 5. 空調風管 6. 燃氣設備	

第7條
★☆☆
○check

下列建築物應辦理耐震能力評估檢查:

一、中華民國88年12月31日以前領得建造執照,供建築物使用類組 A-1、A-2、B-2、B-4、D-1、D-3、D-4、F-1、F-2、F-3、F-4、H-1 組使用之樓地板面積累計達 1000 平方公尺以上之建築物,且該建築物同屬一所有權人或使用人。

二、經當地主管建築機關依法認定耐震能力具<u>潛在危險</u>疑慮之建築物。

前項第二款應辦理耐震能力評估檢查之建築物，得由當地主管建築機關依轄區實際需求訂定分類、分期、分區執行計畫及期限，並公告之。

第8條
★★☆
○check

依前條規定應辦理耐震能力評估檢查之建築物，申報人應依建築物耐震能力評估檢查申報期間及施行日期(如附表三)，每<u>2</u>年辦理1次耐震能力評估檢查申報。

附表三、建築物耐震能力評估檢查申報期間及施行日期

類別	組別		樓地板面積	檢查及申報期間	施行日期
A類	公共集會類	A-1	3000平方公尺以上	1月1日至3月31日止(第1季)	108年7月1日起
			1000平方公尺以上未達3000平方公尺	1月1日至3月31日止(第1季)	108年7月1日起
		A-2	3000平方公尺以上	1月1日至3月31日止(第1季)	108年7月1日起
			1000平方公尺以上未達3000平方公尺	1月1日至3月31日止(第1季)	108年7月1日起

類別	組別		樓地板面積	檢查及申報期間	施行日期
B 類	商業類	B-2	3000平方公尺以上	4月1日至6月30日止(第2季)	108年7月1日起
			1000平方公尺以上未達3000平方公尺	4月1日至6月30日止(第2季)	108年7月1日起
		B-4	3000平方公尺以上	4月1日至6月30日止(第2季)	108年7月1日起
			1000平方公尺以上未達3000平方公尺	4月1日至6月30日止(第2季)	108年7月1日起
D 類	休閒文教類	D-1	3000平方公尺以上	7月1日至9月30日止(第3季)	108年7月1日起
			1000平方公尺以上未達3000平方公尺	7月1日至9月30日止(第3季)	108年7月1日起
		D-3	3000平方公尺以上	7月1日至12月31日止(第3季、第4季)	108年7月1日起
			1000平方公尺以上未達3000平方公尺	7月1日至12月31日止(第3季、第4季)	108年7月1日起
		D-4	3000平方公尺以上	7月1日至12月31日止(第3季、第4季)	108年7月1日起
			1000平方公尺以上未達3000平方公尺	7月1日至12月31日止(第3季、第4季)	108年7月1日起
F 類	衛生、福利、更生類	F-1	3000平方公尺以上	10月1日至12月31日止(第4季)	108年7月1日起
			1000平方公尺以上未達3000平方公尺	10月1日至12月31日止(第4季)	108年7月1日起
		F-2	3000平方公尺以上	10月1日至12月31日止(第4季)	108年7月1日起
			1000平方公尺以上未達3000平方公尺	10月1日至12月31日止(第4季)	108年7月1日起

公安檢查辦法

類別	組別	樓地板面積	檢查及申報期間	施行日期
	F-3	3000平方公尺以上	10月1日至12月31日止(第4季)	108年7月1日起
		1000平方公尺以上未達3000平方公尺	10月1日至12月31日止(第4季)	108年7月1日起
	F-4	3000平方公尺以上	10月1日至12月31日止(第4季)	108年7月1日起
		1000平方公尺以上未達3000平方公尺	10月1日至12月31日止(第4季)	108年7月1日起
H類	住宿類 H-1	3000平方公尺以上	1月1日至3月31日止(第1季)	108年7月1日起
		1000平方公尺以上未達3000平方公尺	1月1日至3月31日止(第1季)	108年7月1日起
經當地主管建築機關依法認定耐震能力具潛在危險疑慮之建築物			依本附表備註規定辦理	依本附表備註規定辦理
備註:申報期間及施行日期,由當地主管建築機關依實際需求公告之。				

前項申報期間,申報人得檢具下列文件之一,向當地主管建築機關申請展期2年,以1次為限。但經當地主管建築機關認定有實際需要者,不在此限:

一、 委託依法登記開業建築師、執業土木工程技師、結構工程技師辦理補強設計之證明文件,及其簽證之補強設計圖(含補強設計之耐震能力詳細評估報告)。

二、 依耐震能力評估檢查結果擬訂或變更都市更新事業計畫報核之證明文件。

第9條

☆☆☆
○check

依第七條規定應辦理耐震能力評估檢查之建築物，申報人檢具下列文件之一，送當地主管建築機關備查者，得免辦理耐震能力評估檢查申報：

一、 本辦法中華民國107年2月21日修正施行前，已依建築物實施耐震能力評估及補強方案完成耐震能力評估及補強程序之相關證明文件。

二、 依法登記開業建築師、執業土木工程技師、結構工程技師出具之補強成果報告書。

三、 已拆除建築物之證明文件。

第10條

★☆☆
○check

辦理耐震能力評估檢查之專業機構應指派其所屬檢查員辦理評估檢查。

前項評估檢查應依下列各款之一辦理，並將評估檢查簽證結果製成評估檢查報告書：

一、 經初步評估判定結果為尚無疑慮者，得免進行詳細評估。

二、經初步評估判定結果為<u>有疑慮</u>者，應辦理<u>詳細評估</u>。

三、經初步評估判定結果為<u>確有疑慮</u>，且未逕行辦理補強或拆除者，應辦理<u>詳細評估</u>。

第11條
☆☆☆
○check
申報人應備具申報書及標準檢查報告書或評估檢查報告書，以二維條碼或網路傳輸方式向當地主管建築機關申報。

第12條
☆☆☆
○check
當地主管建築機關查核建築物公共安全檢查申報文件，應就下列規定項目為之：

一、申報書。

二、標準檢查報告書或評估檢查報告書。

三、標準檢查改善計畫書。

四、專業機構或專業人員認可證影本。

五、其他經中央主管建築機關指定文件。

前項標準檢查報告書或評估檢查報告書，由下列專業機構或專業人員依本法第七十七條第三項規定簽證負責：

一、標準檢查：標準檢查專業機構或專業人員。
二、評估檢查：評估檢查專業機構。

第13條

★☆☆

○check

當地主管建築機關收到申報人依第十一條規定檢附申報書件之日起，應於<u>15日</u>內查核完竣，並依下列查核結果通知申報人：

一、經查核合格者，予以<u>備查</u>。

二、標準檢查項目之檢查結果為提具改善計畫書者，應<u>限期改正完竣</u>並再行申報。

三、經查核不合格者，應詳列改正事項，通知申報人，令其於送達之日起<u>30日</u>內改正完竣，<u>並送請復核</u>。但經當地主管建築機關認有需要者，得予以延長，最長以<u>90日</u>為限。

未依前項第二款規定改善申報，或第三款規定送請復核或復核仍不合規定者，當地主管建築機關應依本法第九十一條規定處理。

第14條
☆☆☆
◯check

當地主管建築機關對於本法第七十七條規定之查核及複查事項，得委託相關機關、專業機構或團體辦理。

第15條
☆☆☆
◯check

建築物公共安全檢查申報相關書表格式，由中央主管機關定之。

第16條
☆☆☆
◯check

本辦法自發布日施行。

第四章

都市危險及老舊建築物加速重建條例

民國109年05月06日

第1條
★☆☆
○check

為因應<u>潛在災害風險</u>，加速都市計畫範圍內危險及<u>老舊瀕危建築物之重建</u>，改善居住環境，提升建築安全與國民生活品質，特制定本條例。

第2條
☆☆☆
○check

本條例所稱主管機關：在中央為內政部；在直轄市為直轄市政府；在縣(市)為縣(市)政府。

第3條
★★★
○check

本條例適用範圍，為都市計畫範圍內非經目的事業主管機關指定具有<u>歷史</u>、<u>文化</u>、<u>藝術</u>及<u>紀念價值</u>，且符合下列各款之一之合法建築物：

一、 經建築主管機關依建築法規、災害防救法規通知限期拆除、逕予強制拆除，或評估<u>有危險之虞</u>應限期補強或拆除者。

二、經結構安全性能評估結果未
　　達最低等級者。
三、屋齡30年以上，經結構安全
　　性能評估結果之建築物耐震
　　能力未達一定標準，且改善
　　不具效益或未設置昇降設備
　　者。

前項合法建築物重建時，得合併
鄰接之建築物基地或土地辦理。

本條例施行前已依建築法第
八十一條、第八十二條拆除之危
險建築物，其基地未完成重建者，
得於本條例施行日起3年內，依
本條例規定申請重建。

第一項第二款、第三款結構安全
性能評估，由建築物所有權人委
託經中央主管機關評定之共同供
應契約機構辦理。

辦理結構安全性能評估機構及其
人員不得為不實之簽證或出具不
實之評估報告書。

第一項第二款、第三款結構安全
性能評估之內容、申請方式、評
估項目、權重、等級、評估基準、
評估方式、評估報告書、經中央
主管機關評定之共同供應契約機

構與其人員之資格、管理、審查及其他相關事項之辦法，由中央主管機關定之。

第4條
☆☆☆
○check

主管機關得補助結構安全性能評估費用，其申請要件、補助額度、申請方式及其他應遵行事項之辦法或自治法規，由各級主管機關定之。

對於前條第一項第二款、第三款評估結果有異議者，該管直轄市、縣(市)政府應組成鑑定小組，受理當事人提出之鑑定申請；其鑑定結果為最終鑑定。鑑定小組之組成、執行、運作及其他應遵行事項之辦法，由中央主管機關定之。

第5條
★★☆
○check

依本條例規定申請重建時，新建建築物之起造人應擬具<u>重建計畫</u>，取得重建計畫範圍內<u>全體土地及合法建築物</u><u>所有權人之同意</u>，向直轄市、縣(市)主管機關申請核准後，依建築法令規定申請建築執照。

前項重建計畫之申請，施行期限至中華民國116年5月31日止。

第6條

★★★

○check

重建計畫範圍內之建築基地，得視其實際需要，給予適度之<u>建築容積獎勵</u>；獎勵後之建築容積，不得超過各該建築基地<u>1.3倍</u>之基準容積或各該建築基地<u>1.15倍</u>之原建築容積，不受都市計畫法第八十五條所定施行細則規定基準容積及增加建築容積總和上限之限制。

本條例施行後一定期間內申請之重建計畫，得依下列規定再給予獎勵，不受前項獎勵後之建築容積規定上限之限制：

一、 施行後3年內：各該建築基地基準容積<u>10%</u>。

二、 施行後第4年：各該建築基地基準容積<u>8%</u>。

三、 施行後第5年：各該建築基地基準容積<u>6%</u>。

四、 施行後第6年：各該建築基地基準容積<u>4%</u>。

五、 施行後第7年：各該建築基地基準容積<u>2%</u>。

六、 施行後第8年：各該建築基地基準容積<u>1%</u>。

重建計畫範圍內符合第三條第一項之建築物基地或加計同條第二項合併鄰接之建築物基地或土地達200平方公尺者，再給予各該建築基地基準容積2%之獎勵，每增加100平方公尺，另給予基準容積0.5%之獎勵，不受第一項獎勵後之建築容積規定上限之限制。

前二項獎勵合計不得超過各該建築基地基準容積之10%。

依第三條第二項合併鄰接之建築物基地或土地，適用第一項至第三項建築容積獎勵規定時，其面積不得超過第三條第一項之建築物基地面積，且最高以1000平方公尺為限。

依本條例申請建築容積獎勵者，不得同時適用其他法令規定之建築容積獎勵項目。

第一項建築容積獎勵之項目、計算方式、額度、申請條件及其他應遵行事項之辦法，由中央主管機關定之。

第7條

★☆☆

○check

依本條例實施重建者,其建蔽率及建築物高度得酌予放寬;其標準由直轄市、縣(市)主管機關定之。但建蔽率之放寬以<u>住宅區</u>之基地為限,且不得超過原建蔽率。

第8條

★☆☆

○check

本條例施行後<u>5年</u>內申請之重建計畫,重建計畫範圍內之土地及建築物,經直轄市、縣(市)主管機關視地區發展趨勢及財政狀況同意者,得依下列規定減免稅捐。但依第三條第二項合併鄰接之建築物基地或土地面積,超過同條第一項建築物基地面積部分之土地及建築物,不予減免:

一、重建期間土地無法使用者,免徵地價稅。但未依建築期限完成重建且可歸責於土地所有權人之情形者,依法課徵之。

二、重建後地價稅及房屋稅<u>減半徵收2年</u>。

三、重建前合法建築物所有權人為自然人者,且持有重建後建築物,於前款房屋稅減半徵收2年期間內未移轉者,

得延長其房屋稅減半徵收期間至喪失所有權止。但以<u>10年</u>為限。

依本條例適用租稅減免者，不得同時併用其他法律規定之同稅目租稅減免。但其他法律之規定較本條例更有利者，適用最有利之規定。

第一項規定年限屆期前半年，行政院得視情況延長之，並以1次為限。

第9條
☆☆☆
○check

直轄市、縣(市)主管機關應輔導第三條第一項第一款之合法建築物重建，就重建計畫涉及之相關法令、融資管道及工程技術事項提供協助。

重建計畫範圍內有居住事實且符合住宅法第四條第二項之經濟或社會弱勢者，直轄市、縣(市)主管機關應依住宅法規定提供社會住宅或租金補貼等協助。

第10條
★☆☆
○check

各級主管機關得就重建計畫給予補助，並就下列情形提供重建工程必要融資貸款信用保證：

一、經直轄市、縣(市)主管機

關依前條第一項規定輔導協助，評估其必要<u>資金之取得有困難</u>者。

二、以自然人為起造人，無營利事業機構協助取得必要資金，經直轄市、縣(市)主管機關認定者。

三、經直轄市、縣(市)主管機關評估後應<u>優先推動重建之地區</u>。

前項直轄市、縣(市)主管機關所需之經費，中央主管機關應予以補助。

第10-1條
☆☆☆
○check

商業銀行為提供參與重建計畫之土地及合法建築物所有權人或起造人籌措經主管機關核准之重建計畫所需資金而辦理之放款，得不受銀行法第七十二條之二之限制。

金融主管機關於必要時，得規定商業銀行辦理前項放款之最高額度。

第11條
☆☆☆
○check

辦理結構安全性能評估機構及其人員違反第三條第五項規定為<u>不實之簽證</u>或出具不實之評估報告

書者，處新臺幣<u>100萬元</u>以上<u>500萬元</u>以下罰鍰。

第12條
☆☆☆
〇check

本條例施行細則，由中央主管機關定之。

第13條
☆☆☆
〇check

本條例自公布日施行。

第五章

都市危險及老舊建築物加速重建條例施行細則

民國106年08月01日

第1條
☆☆☆
◯check

本細則依都市危險及老舊建築物加速重建條例(以下簡稱本條例)第十二條規定訂定之。

第2條
★☆☆
◯check

本條例第三條第一項第三款所定屋齡,其認定方式如下:

一、 領得使用執照者:自領得<u>使用執照之日</u>起算,至向直轄市、縣(市)主管機關申請重建之日止。

二、 直轄市、縣(市)主管機關依下列文件之一認定建築物<u>興建完工之日</u>起算,至申請重建之日止:

(一) 建物所有權第1次登記謄本。

(二) 合法建築物證明文件。

(三) 房屋稅籍資料、門牌編

釘證明、自來水費收據
或電費收據。

(四) 其他證明文件。

第3條
★☆☆
○check

本條例第三條第一項第三款及第
三項用詞，定義如下：

一、 建築物耐震能力未達一定標
準：指依本條例第三條第六
項所定辦法進行評估，其評
估結果為初步評估<u>乙級</u>。

二、 改善不具效益：指經本條例
第三條第六項所定辦法進行
評估結果為建議拆除重建，
或補強且其所需經費超過建
築物重建成本 **1/2**。

三、 基地未完成重建：指尚未依
建築法規定領得<u>使用執照</u>。

第4條
☆☆☆
○check

依本條例第五條第一項申請重建
時，應檢附下列文件，向直轄市、
縣(市)主管機關提出：

一、 申請書。

二、 符合本條例第三條第一項所
定合法建築物之證明文件，
或第三項所定尚未完成重建
之危險建築物證明文件。

三、 重建計畫範圍內全體土地及

合法建築物所有權人名冊及同意書。

四、重建計畫。

五、其他經直轄市、縣(市)主管機關規定之文件。

第5條
★★☆
○check

前條第四款所定重建計畫,應載明下列事項:

一、重建計畫範圍。

二、土地使用分區。

三、經依法登記開業建築師簽證之建築物配置及設計圖說。

四、申請容積獎勵項目及額度。

五、依本條例第六條第五項所定辦法應取得之證明文件及協議書。

六、其他經直轄市、縣(市)主管機關規定應載明之事項。

第6條
☆☆☆
○check

直轄市、縣(市)主管機關應自受理第四條申請案件之日起30日內完成審核。但情形特殊者,得延長1次,延長期間以30日為限。

前項申請案件應予補正者,直轄市、縣(市)主管機關應將補正事項1次通知申請人限期補正,並應於申請人補正後15日內審查完

竣；屆期未補正或補正不完全者，予以駁回。

前二項申請案件經直轄市、縣(市)主管機關審核符合規定者，應予核准；不合規定者，駁回其申請。

第7條
☆☆☆
〇check

新建建築物起造人應自核准重建之次日起 **180日** 內申請建造執照，屆期未申請者，原核准失其效力。但經直轄市、縣(市)主管機關同意者，得延長1次，延長期間以180日為限。

第8條
★☆☆
〇check

本條例第八條第一項所定減免稅捐，其期間起算規定如下：

一、 依第一款免徵地價稅：自依建築法規定開工之日起，至核發使用執照之日止。

二、 依第二款減徵地價稅及房屋稅：

(一) 地價稅：自核發使用執照日之次年起算。

(二) 房屋稅：自核發使用執照日之次月起算。

第9條
☆☆☆
◯check

依本條例第八條第一項申請減免稅捐，規定如下：

一、免徵地價稅：起造人申請直轄市、縣(市)主管機關認定重建期間土地無法使用期間後，轉送主管稅捐稽徵機關依法辦理。

二、減徵地價稅及房屋稅：起造人檢附下列文件向主管稅捐稽徵機關申請辦理：

　　(一) 重建後全體土地及建築物所有權人名冊，並註明是否為重建前合法建築物所有權人。

　　(二) 第四條第三款所定之名冊。

　　(三) 其他相關證明文件。

第10條
☆☆☆
◯check

本條例第八條第一項第一款但書規定所定未依建築期限完成重建且可歸責於土地所有權人之情形，為建築法第五十三條第二項規定建造執照失其效力者。

第11條
☆☆☆
◯check

重建計畫範圍內之土地，依本條例第八條第一項第一款但書規定應課徵地價稅時，直轄市、縣(市)

主管機關應通知主管稅捐稽徵機關。

第12條 本細則自發布日施行。
☆☆☆
○check

第六章

都市危險及老舊建築物建築容積獎勵辦法

民國 109 年 11 月 10 日

第1條
☆☆☆
○check

本辦法依都市危險及老舊建築物加速重建條例(以下簡稱本條例)第六條第七項規定訂定之。

第2條
★★☆
○check

本條例第六條用詞，定義如下：

一、 基準容積：指都市計畫法令規定之<u>容積率上限</u>乘<u>土地面積</u>所得之積數。

二、 原建築容積：指實施容積管制前已興建完成之合法建築物，申請建築時主管機關<u>核准之建築總樓地板面積</u>，扣除建築技術規則建築設計施工編第一百六十一條第二項規定不計入樓地板面積部分後之樓地板面積。

第3條
☆☆☆
○check

重建計畫範圍內原建築基地之原建築容積高於基準容積者，其容積獎勵額度為原建築基地之基準

容積<u>10%</u>，或依原建築容積建築。

第4條
★★☆
○check

重建計畫範圍內原建築基地符合本條例第三條第一項各款之容積獎勵額度，規定如下：
一、 第一款：基準容積<u>10%</u>。
二、 第二款：基準容積<u>8%</u>。
三、 第三款：基準容積<u>6%</u>。
前項各款容積獎勵額度不得重複申請。
依本條例第三條第三項規定申請重建者，其容積獎勵額度同前項第一款規定。

第4-1條
★☆☆
○check

重建計畫範圍內建築基地未達<u>200平方公尺</u>，且鄰接屋齡均未達30年之合法建築物基地者，其容積獎勵額度為基準容積<u>2%</u>。但該合法建築物符合本條例第三條第一項第一款者，不適用之。

第5條
★★☆
○check

建築基地退縮建築者之容積獎勵額度，規定如下：
一、 建築基地自計畫道路及現有巷道退縮淨寬<u>4公尺</u>以上建築，退縮部分以淨空設計及設置無遮簷人行步道，且與鄰地境界線距離淨寬不得小

於2公尺並以淨空設計：基準容積**10%**。

二、建築基地自計畫道路及現有巷道退縮淨寬**2公尺**以上建築，退縮部分以淨空設計及設置無遮簷人行步道，且與鄰地境界線距離淨寬不得小於2公尺並以淨空設計：基準容積**8%**。

前項各款容積獎勵額度不得重複申請。

第6條
★★☆
○check

建築物耐震設計之容積獎勵額度，規定如下：

一、取得<u>耐震設計</u>標章：基準容積**10%**。

二、依住宅性能評估實施辦法辦理<u>新建住宅性能評估</u>之結構安全性能者：

（一）第一級：基準容積**6%**。

（二）第二級：基準容積**4%**。

（三）第三級：基準容積**2%**。

前項各款容積獎勵額度不得重複申請。

第7條

★★☆

〇check

取得候選等級綠建築證書之容積獎勵額度，規定如下：

一、 鑽石級：基準容積 <u>10%</u>。

二、 黃金級：基準容積 <u>8%</u>。

三、 銀級：基準容積 <u>6%</u>。

四、 銅級：基準容積 <u>4%</u>。

五、 合格級：基準容積 <u>2%</u>。

重建計畫範圍內建築基地面積達500平方公尺以上者，不適用前項第四款及第五款規定之獎勵額度。

第8條

★★☆

〇check

取得候選等級智慧建築證書之容積獎勵額度，規定如下：

一、 鑽石級：基準容積 <u>10%</u>。

二、 黃金級：基準容積 <u>8%</u>。

三、 銀級：基準容積 <u>6%</u>。

四、 銅級：基準容積 <u>4%</u>。

五、 合格級：基準容積 <u>2%</u>。

重建計畫範圍內建築基地面積達500平方公尺以上者，不適用前項第四款及第五款規定之獎勵額度。

第9條

★☆☆

〇check

建築物無障礙環境設計之容積獎勵額度，規定如下：

一、 取得無障礙住宅建築標章：基準容積 <u>5%</u>。

二、 依住宅性能評估實施辦法辦理新建住宅性能評估之無障

礙環境者：

(一) 第一級：基準容積4%。

(二) 第二級：基準容積3%。

前項各款容積獎勵額度不得重複申請。

第10條
★☆☆
◯check

協助取得及開闢重建計畫範圍周邊之公共設施用地，產權登記為公有者，容積獎勵額度以基準容積5%為上限，計算方式如下：

協助取得及開闢重建計畫範圍周邊公共設施用地之獎勵容積＝公共設施用地面積×(公共設施用地之公告土地現值／建築基地之公告土地現值)×建築基地之容積率。

前項公共設施用地應先完成土地改良物、租賃契約、他項權利及限制登記等法律關係之清理，並開闢完成且將土地產權移轉登記為直轄市、縣(市)有或鄉(鎮、市、區)有後，始得核發使用執照。

第11條
★☆☆
◯check

起造人申請第六條至第九條之容積獎勵，應依下列規定辦理：

一、 與直轄市、縣(市)政府簽訂協議書。

都市危老容獎

二、於領得使用執照前繳納保證金。

三、於領得使用執照後2年內，取得耐震標章、綠建築標章、智慧建築標章、無障礙住宅建築標章、通過新建住宅性能評估結構安全性能或無障礙環境評估。

前項第二款之保證金，直轄市、縣(市)主管機關得依實際需要訂定；未訂定者，依下列公式計算：應繳納之保證金額＝重建計畫範圍內土地當期公告現值 × 0.45 × 申請第六條至第九條之獎勵容積樓地板面積。

起造人依第一項第三款取得標章或通過評估者，保證金無息退還。未取得或通過者，不予退還。

第12條
☆☆☆
○check

申請第三條至第六條規定容積獎勵後，仍未達本條例第六條第一項所定上限者，始得申請第七條至第十條之容積獎勵。

第13條
☆☆☆
○check

本辦法自發布日施行。

第七章

都市危險及老舊建築物結構安全性能評估辦法

民國 107 年 10 月 11 日

第1條
☆☆☆
○check

本辦法依都市危險及老舊建築物加速重建條例(以下簡稱本條例)第三條第六項規定訂定之。

第2條
★★★
○check

本條例第三條第一項第二款、第三款所定結構安全性能評估,為耐震能力評估;其內容規定如下:

一、初步評估:評估項目、內容、權重及評分,如附表一至附表四;評估等級及基準,如附表五。

附表五　結構安全耐震能力初步評估基準及等級基準表

單項評估	評估類別	等級	評估基準	評估結果
結構安全耐震評估	初步評估	甲級	危險度總評估分數 $R \leq 30$;或評估分數 ≥ 70。	
		乙級	$30 <$ 危險度總評估分數 $R \leq 45$;或 $70 >$ 評估分數 ≥ 55。	

二、詳細評估：依內政部營建署代辦建築物耐震能力詳細評估工作共同供應契約(簡約)(以下簡稱共同供應契約)所定之評估內容辦理。

本辦法修正施行前已完成初步評估案件，得依修正施行後之評估等級及基準認定之。

第3條
★★☆
○check

申請結構安全性能評估，應有建築物所有權人逾半數之同意，並推派1人為代表，檢附逾半數之建築物權利證明文件及建築物使用執照影本或經直轄市、縣(市)主管機關認定之合法建築物證明文件，委託經中央主管機關評定之共同供應契約機構(以下簡稱共同供應契約機構)辦理。

前項建築物為公寓大廈，其公寓大廈管理委員會得檢附區分所有權人會議決議通過之會議紀錄及建築物使用執照影本或經直轄市、縣(市)主管機關認定之合法建築物證明文件，申請結構安全性能評估。

第4條
★☆☆
○check

共同供應契約機構應依下列評估方式，辦理結構安全性能評估後，製作評估報告書：
一、 初步評估：應派員至現場勘查，並依附表一📖至附表四📖規定辦理檢測。
二、 詳細評估：應派員至現場勘查，並依共同供應契約所定評估方式辦理檢測。

第5條
★☆☆
○check

初步評估報告書應載明下列事項：
一、 建築物所有權人姓名。
二、 評估機構名稱、代表人及評估人員姓名、簽章。
三、 建築物之地址。
四、 評估範圍之建築物樓層數、樓地板面積、結構及構造型式。
五、 初步評估結果。
六、 其他相關事項。
前項第五款之初步評估結果，應由評估人員所屬評估機構查核。
詳細評估報告書應載明事項，依共同供應契約規定辦理。

第6條
☆☆☆
◯check

於中華民國106年12月31日以前，依住宅性能評估實施辦法申請結構安全評估，其評估報告書，得視為前條所定之評估報告書。

第7條
☆☆☆
◯check

與內政部營建署簽訂共同供應契約之機構，得檢附下列文件向中央主管機關申請評定為共同供應契約機構：

一、申請書。

二、共同供應契約影本。

三、**5人**以上評估人員之名冊。

四、評估費用計算方式。

申請案件未符合前項規定者，中央主管機關應書面通知限期補正，屆期未補正或補正不完全者，駁回其申請。

第8條
★☆☆
◯check

前條第一項第三款規定之評估人員，應具備下列資格：

一、依法登記開業<u>建築師</u>、執業<u>土木工程技師</u>或<u>結構工程技師</u>。

二、參加中央主管機關主辦或所委託相關機關、團體舉辦之建築物實施耐震能力評估及

補強講習會，並取得結訓證明文件。

第9條
☆☆☆
○check

經中央主管機關審查合格評定之共同供應契約機構，應公告其機構名稱、代表人、地址及有效期限。

前項有效期限，為共同供應契約所載之期限。

第10條
☆☆☆
○check

共同供應契約機構及評估人員應公正執行任務；對具有利害關係之鑑定案件，應遵守迴避原則。

評估人員不得同時於2家以上共同供應契約機構執行評估及簽證工作。

第11條
☆☆☆
○check

共同供應契約機構及評估人員相關資料有變更時，應於變更之日起1個月內報請中央主管機關同意。

評估人員出缺，人數不足第七條第一項第三款規定時，共同供應契約機構應於1個月內補足，並檢附名冊報請中央主管機關同意。

第12條
☆☆☆
○check

中央主管機關得視實際需要,對共同供應契約機構之評估業務實施不定期檢查及現場勘查,並得要求其提供相關資料。

中央主管機關辦理前項不定期檢查及現場勘查,應事先通知共同供應契約機構。

第13條
★☆☆
○check

共同供應契約機構有下列情形之一者,中央主管機關得廢止其評定,並公告之:

一、 共同供應契約經內政部營建署終止或解除契約。

二、 出具不實之評估報告書。

三、 由未具第八條規定資格之人員進行評估。

四、 違反第十條第一項利益迴避規定。

五、 違反第十條第二項、第十一條第一項規定,經中央主管機關限期令其改善,屆期未改善,且情節重大。

六、 違反第十一條第二項規定,屆期未補足評估人員人數,並檢附名冊報請中央主管機關同意。

七、 以不正當方式招攬業務，經查證屬實。

八、 無正當理由，拒絕、規避或妨礙中央主管機關之檢查或勘查，或拒絕提供資料，經中央主管機關限期令其改善，屆期未改善，且情節重大。

第14條
☆☆☆
○check

經中央主管機關依前條規定廢止評定者，自廢止之日起**3年**內，不得重新申請評定為共同供應契約機構。

第15條
☆☆☆
○check

本辦法自發布日施行。

建築法規隨身讀(第四冊)

作　　者：江　軍 彙編
企劃編輯：郭季柔
文字編輯：江雅鈴
設計裝幀：張寶莉
發 行 人：廖文良

發 行 所：碁峰資訊股份有限公司
地　　址：台北市南港區三重路 66 號 7 樓之 6
電　　話：(02)2788-2408
傳　　真：(02)8192-4433
網　　站：www.gotop.com.tw
書　　號：ACR01000004
版　　次：2021 年 09 月初版
建議售價：NT$990 (全套五冊)

國家圖書館出版品預行編目資料

建築法規隨身讀 / 江軍彙編. -- 初版. -- 臺北市：碁
　峰資訊, 2021.09
　　冊；　公分
　ISBN 978-986-502-879-4(全套：平裝)
　1.營建法規
441.51　　　　　　　　　　　　　　110009873

讀者服務